일상 속 수학의 발견

수학 하자

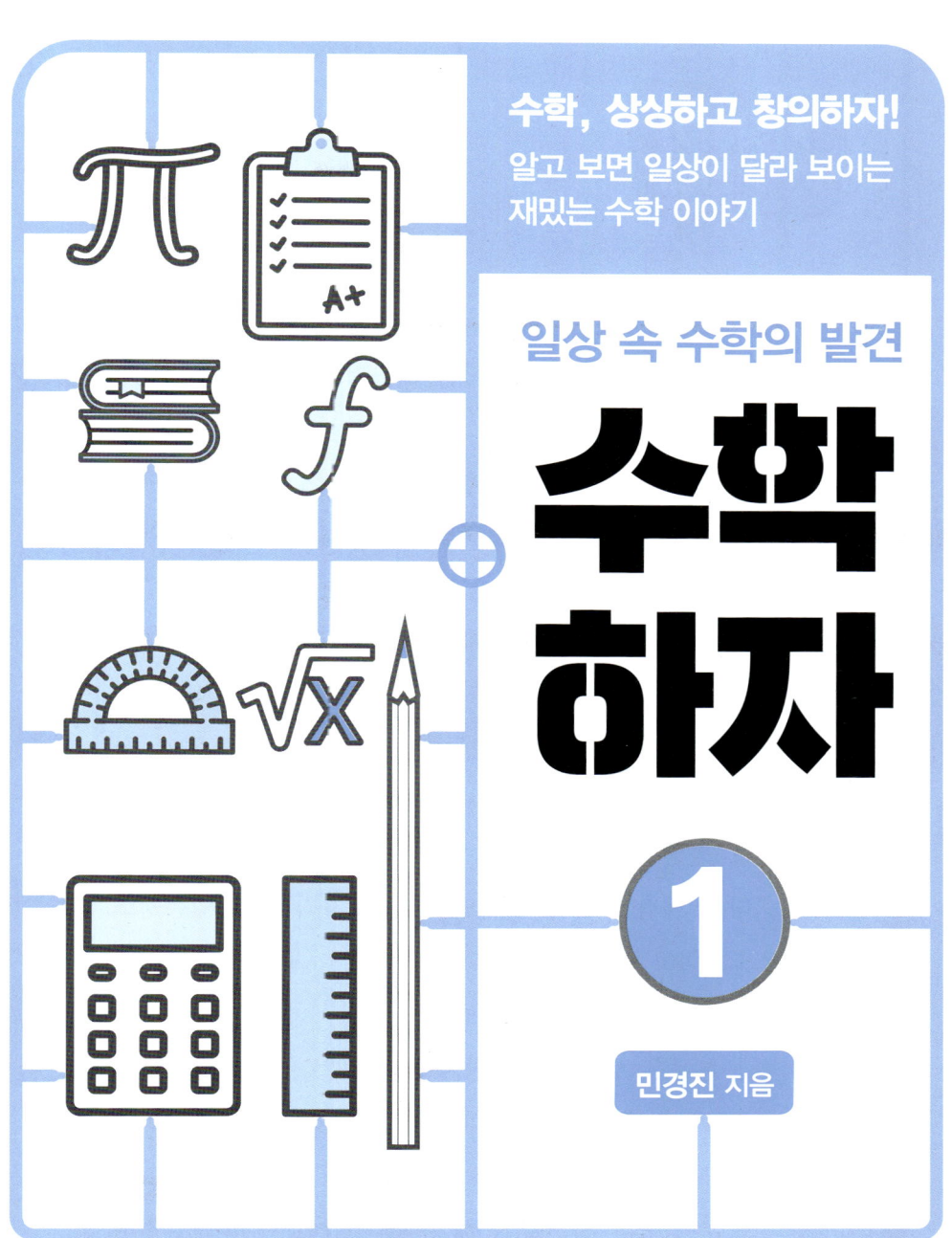

시작하기 전에

이 책은 시험을 위한 수학책이 아니다. 우리 생활환경 속에 나타나는 현상들을 수학적으로 이해하고자 하는 데 목적을 두고 있다. 과학적 분석과는 다른 면에서 다루어 볼 것이며 수학의 개념과 수학적 표현이 어디에 어떻게 쓰이고 있는지 구체적으로 알아보고 유아기 때부터 초등학교, 중고등학교를 거치면서 배웠던 수학의 참모습을 보여주는 데 목적을 두고 있다. 일상 속에서 때로는 부모님과, 때로는 친구들과 어울리면서 받아들인 다양한 개념들이 수학이었다는 것을 알게 하고, 학교에서 배웠던 수학이 어디에 등장하고 있는지도 설명한다. 친구들과 영화를 보는 상황이나 즐거운 식사 자리에서 과연 어떤 수학이 자리 잡고 있는지도 소개하고 SNS를 통한 다른 사람과의 교류에서 나타나는 문제점도 살펴보고 있다.

본문은 생활과 밀접한 4개의 주제로 구성되어 있다. 숫자의 만들어짐과 수의 진화를 통해 인류의 뛰어난 창의성을 확인하게 하였으며 수학의 혁명을 불러온 중요한 인물과 사건을 통해 수와 수학이 어떻게 발전되

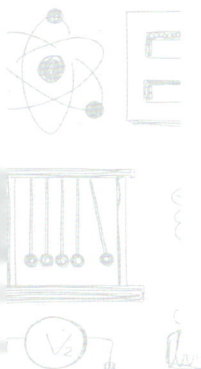

어가고 있는지 알아보고, 우리가 살고 있는 땅에서 발견된 수학과 공간의 수학에는 어떤 차이가 있는가에 대해서도 살펴볼 예정이다. 시장과 마트, 편의점에는 어떤 수학이 들어있는지도 찾아보고, 약속을 위해 정하는 시간과 날짜에 대한 수학적 개념도 조사해보도록 하자.

보이지는 않지만 알고 있는 것이 수학이다. 우리는 이러한 수학의 장점을 그대로 하늘, 더 나아가 우주로 적용시켜봄으로써 우리 삶 전체에 수학의 영향력을 확인하는 시간을 갖게 될 것이다. 수학을 공부하는 데 진지함과 근엄함은 잠시 접어두자. 즐거운 상상과 신나는 관심만으로 충분히 수학을 배울 수 있기 때문이다. 게임하듯이 할 수는 없겠지만 재미있게 공부할 수는 있다. 항상 호기심을 갖고 다가가면 수학은 매우 재미있는 분야라는 것을 알게 될 것이다. 궁금증과 상상력이 밑거름이 되어 뛰어난 창의력이 생기기를, 이를 통해 훌륭한 문제 해결력을 얻게 되기를 기대한다.

시작하기 전에

이 책이 심오한 수학적 결과 ― 골드바흐의 추측, 페르마가설, 리만가설 등 ― 들을 담고 있지는 않지만 생활 속에 등장하는 수학문제를 다루고 있기에 흥미롭게 다가올 수 있으리라 생각한다. 이미 인터넷이나 다른 책으로부터 들어봤던 내용이 있을 수 있지만, 이 책에서는 수학 공식보다는 수학의 개념을 통해 해결책을 제시하고자 한다. 정통적인 수학 교재라기보다는 교양도서로서 어느 누구나 쉽게 접근하게 하고 많은 분께 즐거움을 드리고자 했다는 점을 이해해주시고 따뜻한 지적과 격려를 부탁드린다.

마지막으로 이 책에서는 '상상'하고 창의성을 얻는 과정 전체를 일컫는 말로 "수학(數學)하자."라는 문장을 사용하고 있다. 말 한마디 창의해봤을 뿐이니 너무 학문적으로 문제삼지는 말아주시길 바라며 이 책을 통해 즐거운 수학의 세계를 접해보시기를 진심으로 바란다.

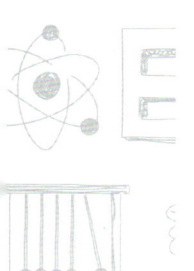

더불어 이 책이 완성되기까지 많은 도움을 주신 도서출판 경문사 여러분께 감사드린다.

2023년 8월
신선들이 놀던 삼선동에서 저자 씀

차례

CHAPTER 01
수를 수학하자

01   수는 왜 만들었을까? / **12**
02   수학혁명 시대 / **34**
03   수 중의 수는? / **69**

CHAPTER 02
생각을 수학하자

01   넌 SNS 외톨이가 아니었어! / **100**
02   바닥을 예쁘게 할 수 있나? / **130**
03   지름길과 가장 빠른 길, 같은 거 아냐? / **166**

CHAPTER

03

일상을 수학하자

01 마트와 편의점 속으로 / **178**
02 세상에서 열흘이 사라졌어 / **203**
03 이게 가능해? / **214**

CHAPTER

04

하늘을 수학하자

01 보이저가 보이나? / **236**
02 태양계에서 이런 일이? / **255**
03 우주는 몇 차원? / **279**

이야기를 마치며 / **303**
참고문헌 / **304**
찾아보기 / **306**

CHAPTER 01

수를 수학하자

01 수는 왜 만들었을까?
02 수학혁명 시대
03 수 중의 수는?

수(numbers)란 무엇인가? 인류는 과연 수를 언제부터 사용하기 시작했을까? 많은 고대 유물들을 통해 수의 시작에 대해 알 수 있다.

01
수는 왜 만들었을까?

💡 수의 탄생

인간은 태생적으로 '말을 통한' 의사소통 능력을 최대한 활용하기 위해 말을 표현하는 새로운 도구들을 발전시켜왔다. 이것은 타인과 원활하게 생각을 나누고 싶다는 기본적인 욕구에서 온 것이라 생각된다. 이 표현 욕구는 수의 진화에서도 드러난다.

수의 진화에는 인간이 태어날 때부터 갖추고 있는 수에 대한 인식을 활용하여 '자연계의 움직임을 이해하고 싶다'는 인간의 욕구가 숨겨져 있다. 인류는 이러한 욕구와 함께 수에 대한 많은 동경심을 갖고 있었다. 그런데 '수'는 수가 지닌 친숙

함에도 불구하고 물리적 존재가 아니라 실제 세계에서 이끌어 낸 추상적 존재이다. 직접 닿을 수 없는 존재가 이토록 가깝게 느껴지는 건 참 흥미로운 일이다.

우리가 일상생활에서 당연한 듯이 사용하는 '수'이지만 수는 인류가 오랜 시간에 걸쳐 만들어낸 최고의 걸작이라 할 수 있다. 원시인들은 어떤 방법으로 수를 세고 셈하였을까?

인류는 수의 개념이 생성되기 시작할 무렵 수의 표현에 대하여 깊이 생각하게 되었고, 수를 나타내는 구체적인 방법을 고안하게 되었다. 크기가 다른 자갈, 노끈의 매듭, 짐승의 뼈 그리고 가장 보편적으로 이용되는 손가락, 발가락 등이 수를 나타내는 표현방법들이라고 할 수 있다. 이 단계에서는 아직 우리가 사용하고 있는 수를 나타내는 기호인 '숫자'라 할 수 있는 것은 아니다.

일반적으로 수학은 수를 세고 기록하는 실용적인 문제에서 비롯되었다고 보고 있다. 인류에게 수에 대한 의식이 없는 문

화는 거의 없었다. 원시적인 문화라서 매우 초보적인 것이라 할지라도 수에 대한 의식은 항상 있었다고 보는 것이다. 이러한 수의 개념을 가시적으로 표현하기 위한 최초의 기법은 '탤링(tallying)'[1]이다.

▲ 이상고 뼈[2]

말이나 손가락으로 나타낸 수를 기록하고 보존하기 위한 방법인 탤링은 돌이나 뼛조각에 눈금을 새기거나 색이나 길이가 다른 줄에 매듭을 지어서 보존했다. 눈금이 새겨진 대표적인 유물로는 이상고의 뼈(Ishango bone)가 있다. 이는 나일강 유역에 농촌사회가 정착한 시기보다 무려 12000년 전에 만들어진 것으로 본다. 페루 잉카인들이 키푸(quipu)라고 부른 매듭지은 줄 역시 다양한 tally[3] 중 하나이다.

---

1 tally: 계산의 의미, 부신(符信: 막대기에 금을 새겨 금액을 표시하고, 차용자와 대여자가 반쪽씩 나누어 가짐)으로 번역하기도 함.
2 기원전 20,000년, 이상고 뼈는 벨기에의 장 드 브라우코르(Jean de Braucourt)가 1960년 콩고(Congo)에서 발견하였다. 발견한 지역이 비궁가 국립공원 내의 이상고였기 때문에 이상고 뼈라는 이름이 붙었다.
3 영어 tally와 calculus의 어원을 살펴보면 인류가 사용했던 셈의 방식을 알 수 있는

▲ 키푸

숫자라 여겨지는 것이 처음 만들어진 곳은 약 4000년 전의 고대 이집트, 메소포타미아이다. 세계 문명의 4대 발상지는 이집트의 나일강 유역, 메소포타미아의 티그리스·유프라테스강 유역, 인도의 인더스강 유역, 그리고 중국의 황하 유역이다. 그중에서도 메소포타미아[4]는 세계 최초로 농업이 시작된 곳일 뿐만 아니라 아마도 세계에서 가장 일찍, 잘 발달된 곳이라 여겨진다. 특히 메소포타미아에 살던 바빌로니아인은 진흙으로 만든 판자 위에 쐐기 모양(설형문자)의 문자를 만들어 썼으며, 쐐기문자로 쓴 숫자가 세계 최초의 숫자가 아니었나 추측된다. 인도나 중국, 이집트에서도 고유의 표기법이 있었고, 특히 아라비아 숫자는 인도에서 탄생하여 8세기경 아라비아의 상인들에 의하여 유럽에 전해졌으며 16세기가 되어 널리 쓰였다.

데, tally는 '나무에 눈금을 새기다'는 뜻의 라틴어 talea에서, calculus는 작은 돌을 뜻하는 라틴어 calculus에서 유래된 것이다.
4 비옥한 초승달 지역이라고 불린다.

01 수는 왜 만들었을까? 15

▲ 세계 4대 문명 지도

💡 메소포타미아의 숫자

메소포타미아 문명의 발원지는 지금의 중동지역인데 진흙으로 만든 판자 위에 쐐기 모양의 문자를 새겨서 썼다. 이를 바빌로니아의 쐐기문자(설형문자, cuneiform)라 한다.

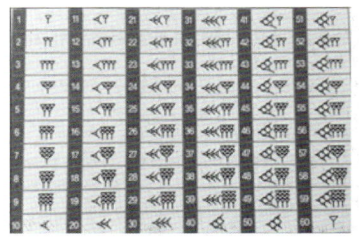 

▲ 쐐기문자와 YBC 7289

끝부분이 쐐기 모양인 막대를 당시 가장 손쉽게 구할 수 있었던 기록 재료인 진흙 점토판에 눌러 한정된 몇 가지 형태를 새기는 환경에서 비롯되었다. 점토판은 햇볕이나 가마에 굽고 나면 오랜 세월이 흘러도 망가지지 않는다. 덕분에 바빌로니아 수학에 관한 많은 것들이 오늘날까지 전해 내려오고 있다.

이 점토판의 수는 1부터 59까지의 수를 단 두 가지 기호(못과 쐐기)의 덧셈식 조합으로 나타냈다. 두 가지 기호는 각각 1의 자리 기호와 10의 자리 기호이다.

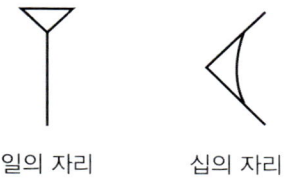

일의 자리   십의 자리

YBC 7289처럼 10진화 60진수 표기법(Decimally transcribed sexagesimal notation)으로 적기도 했다. 위 그림의 숫자 부분을 현대식으로 표현하면

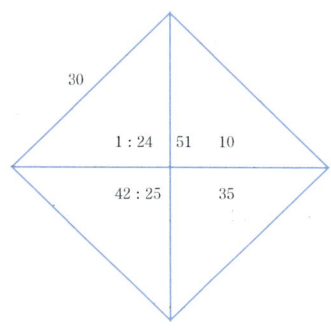

로 보이고 이는 60진법의 흔적이다. 왼쪽 위의 숫자 30은 한 변의 길이를 말하고 대각선 위쪽의 숫자는

$$1:24 \quad 51 \quad 10 = 1 + \frac{24}{60} + \frac{51}{60^2} + \frac{10}{60^3} \approx 1.414213 \approx \sqrt{2}$$

이며 수평선 아래쪽의 숫자는 한 변의 길이가 30인 정사각형의 대각선의 길이가

$$30 \times (1:24 \quad 51 \quad 10) = \frac{42}{60} + \frac{25}{60^2} + \frac{35}{60^3}$$

$$\approx 30 \times 1.414213 \approx 42.42638$$

$$= 42:25 \quad 35$$

임을 나타내고 있다.[5]

💡 이집트의 숫자

이집트의 숫자 체계도 필요한 개수만큼 단위(1, 10, 100, … 등)를 늘어놓는다는 점에서 메소포타미아와 비슷하다. 그러나 진흙 점토판 대신에 나일강 삼각주에 많이 서식하는 수생 식물인 파피루스(papyrus)라고 하는 갈대로 만든 식물에 쓰는 것이 특징이라 할 수 있다. 우리가 사용하는 영어 'paper'가 여

---

[5] ":"은 자연수와 분수를 구분하는 기준이다.

기에서 유래하였다. 1858년 영국의 고고학자 알렉산더 린드[6]가 이집트의 골동품 시장에서 파피루스에 쓴 수학책을 구입하여 연구했다. 이 문헌을 '린드 파피루스'라고 부른다.

다음 그림과 같이 세로로 세운 막대기로 1을, 아치형 문으로 10을, 새끼줄에 묶어 끌고 가면 그 개수가 백 개쯤 될 것이라는 뜻에서 새끼줄 모양으로 100을, 연꽃이 무리지어 피어 있으면 그 수가 천 개쯤 될 것이라는 뜻에서 1000을 연꽃 모양으로, 빽빽한 갈대밭에는 갈대가 만 개쯤 될 것이라는 뜻에서 10000은 갈대밭을 가리키는 손가락 모양으로, 100000은 떼를 지어 돌아다니는 올챙이 또는 개구리를 본뜬 모양으로, 1000000은 그 수가 너무 많음에 놀라서 사람이 손을 번쩍 든 모양으로 표현했다. 우주를 지배하는 신의 모양을 본떠서 만들었다고 한다.

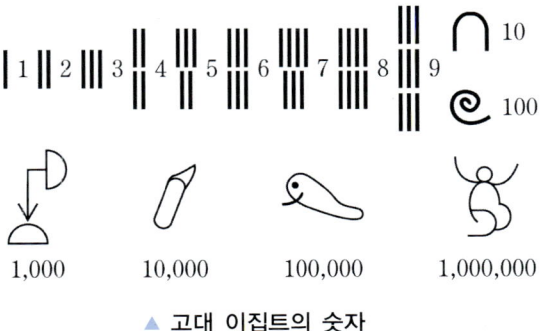

▲ 고대 이집트의 숫자

---

6 Alexander H. Rhind

💡 로마의 숫자

로마의 기수법은 1, 5, 10, 50, 100, 500, 1000을 기준 수로 하여 I, V, X, L, C(centum), D(demimille), M(mille)의 기호들에 해당하는 수를 단순히 합치는 방법이다.[7]

I	II	III	IIII	V	VI	VII	VIII	VIIII	X	C
1	2	3	4	5	6	7	8	9	10	100

▲ 로마의 숫자

로마의 숫자는 사칙연산을 위한 기호라기보다는 수를 기록하고 보존하는 데 사용한 약어였다. 얼핏 보면 라틴어의 알파벳을 모사한 것처럼 보인다. 그러나 이러한 형태 이전에 알파벳과는 무관한 오래된 형태가 있었다.

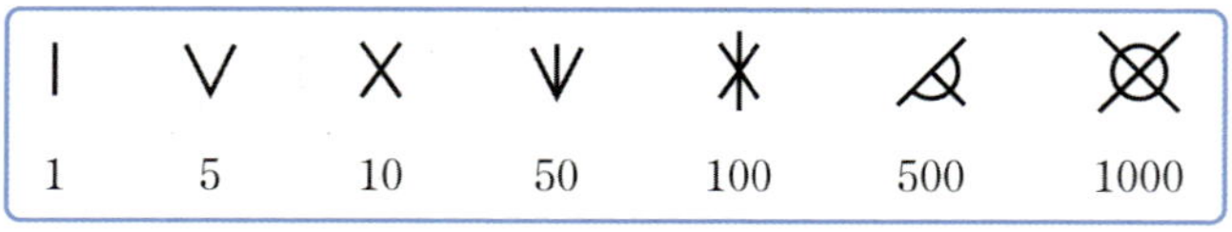

I	V	X	V	✳	◁	⊗
1	5	10	50	100	500	1000

▲ 로마 숫자의 초기 형태

위 그림에서 쓰인 숫자가 일련의 형태로 진화해가며 지금의 모습이 되었다. 로마 숫자는 '새김 눈금을 사용하던 선조의 유물'인 것이다. 마치 이상고 뼈처럼 말이다.

---

[7] 3477을 로마인은 MMMCCCCLXXVII와 같이 나타냈다. V는 손의 엄지를 편 모양이고, X는 V를 2개 합친 모양이다. 현대에 와서 4=IV, 9=IX로 모습이 달라졌다.

💡 중국의 숫자

중국에서는 하나에서 넷까지는 그 수만큼 막대를 사용하여 가로쓰기로 나타내고, 다섯이 되면서 새로운 기호를 사용하였다. 여기까지는 메소포타미아나 이집트, 그리고 고대 그리스나 로마의 경우와 같다. 그러나 더 높을 수를 표현할 때는 숫자의 모양이 크게 달라진다. 여섯, 일곱, 여덟, 아홉은 다음 그림과 같이 숫자를 표시하였다.

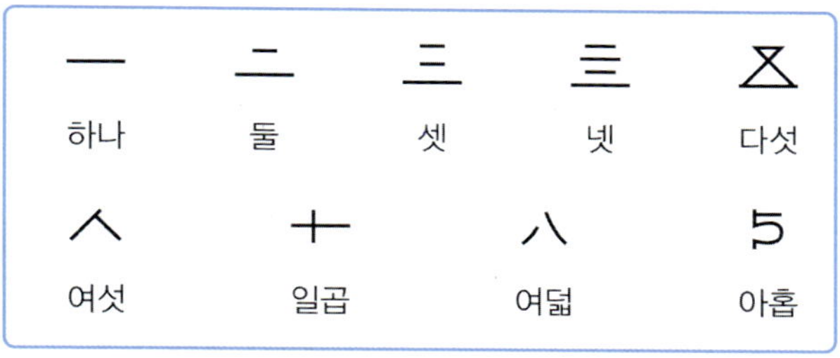

一	二	三	三	𖼀
하나	둘	셋	넷	다섯
人	十	八	ㄅ	
여섯	일곱	여덟	아홉	

▲ 중국의 숫자

위의 그림을 보면 짝수는 발이 2개 있고 홀수는 발이 1개 있음을 안다. 세월이 흐름에 따라 이들의 표기법이 우리가 현재 알고 있는 四, 五, 六의 형태로 바뀌게 되었다.

중국은 은나라 시대에 갑골이나 금문에 사용된 숫자가 원형이 되어 현재의 숫자가 이루어졌다. 이 시기에도 영(0)이 없고 자리 잡기의 원리가 없었다. 숫자를 표현하는 방법은 지역마다 많은 차이가 있지만, 특히 중국의 한문표기법은 이집트와 로마의 방법과는 다르다. 예를 들어 3452를 나타낼 때

千千千 百百百百 十十十十十 一一

와 같이 千, 百, 十, 一을 여러 번 나열하지 않고

三千四百五十二

와 같이 千, 百, 十, 一 등의 문자 왼쪽에 그 자릿수 三, 四, 五, 二를 나란히 쓴다. 이 수를 로마식으로 표현한다면

MMMCCCCXXXXXII

으로 썼을 것이다. 오늘날 로마 숫자는 수를 헤아리기보다는 인테리어에 많이 사용하고 있다.

💡 마야의 숫자

세계 여러 지역에서도 다양한 숫자가 발견되었다. 특히 마야문명의 숫자 체계에서는 인도보다 빠르게 영(0)을 의미하는 숫자를 사용하였다. 마야의 수 체계는 16세기 초에 스페인 탐험대가 유카탄 반도(멕시코 남부)에 들어갔을 때 발견한 것이다. 이 문명의 수 체계는 20진법이었으며 이들은 숫자 계산에서 이집트 사람보다 앞서 있었다. 마야 사람들은 이십 일을 한 달로 정하고 일 년을 18개월로 나누었다. 이에 따라 일 년을 360일로 정했으며 불길한 닷새를 덧붙여 천체를 관측하여 알고 있었던 365일에 맞추었다. 마야 문명은 영을 나타내는 숫자(조개 모양)와 자릿수를 나타내는 기수법을 이미 알고 있었다.

아래 그림에서 점 '•'은 1을 나타내고, 선 '−'은 5를 나타낸다.

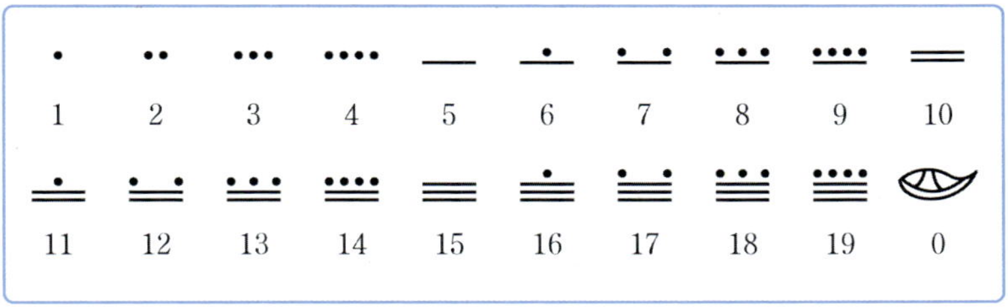

▲ 마야의 숫자

예를 들어 수

를 십진법으로 변환하려면

$$1:5:7:15$$

로부터

$$1 \times 20^3 + 5 \times 20^2 + 7 \times 20 + 15 = 8000 + 2000 + 140 + 15 = 10155$$

이다. 이 수는 때에 따라 가로로 나타내곤 하였다.

그러나 큰 수에 대해서 20진법의 규칙성은 사라져버린다. 실제로 이 숫자는 10155가 아닌

$$1 \times (20 \times 360) + 5 \times 360 + 7 \times 20 + 15$$
$$= 7200 + 1800 + 140 + 15 = 9155$$

을 나타내는 것이다.

아래 그림은 마야의 기수법을 통해 십진수 40과 720을 나타낸 것이다.

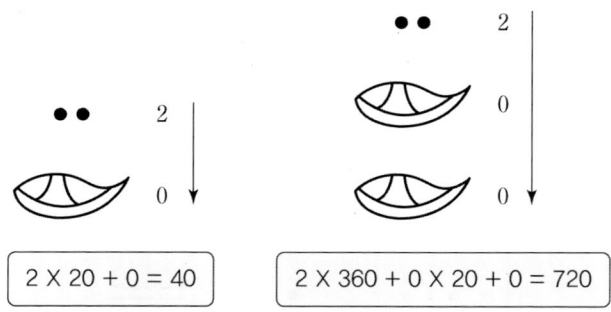

💡 인도의 숫자

인도-아라비아 수 체계는 인도인들이 발명하고 아라비아인들이 서유럽에 전파했다고 해서 붙여진 이름[8]이다. 기원전 250년경 인도의 아소카 왕 시대에 세워진 돌기둥에서 인도 숫자의 형태가 발견되었다.

▲ 아소카 왕 시대의 돌기둥

인도의 수 체계는 자릿값을 가지는 기수법이다. 즉, 각 기호가 고유한 의미를 갖는 것이 아니고 그 기호가 놓인 위치에 따라 뜻이 다른 것을 말한다. 예를 들어

356

의 3은 삼백을, 5는 오십을, 6은 육을 나타내는 것이다.

---

[8] 레오나르도 피보나치의 역작 《산반서》에서 인도-아라비아 숫자를 읽고 쓰는 법이 소개되어 있고, 이 책을 통해 인도 숫자가 유럽에 널리 보급되었다고 보는 견해도 있다.

브라미숫자	ー	=	≡	⼿	ๆ	પ	?	ና	⁀	
인도숫자	ๆ	?	३	४	૫	౬	⁊	⁊	೦	0
서아라비아숫자	1	2	ʒ	୨	५	6	7	8	9	
동아라비아숫자	۱	٢	٣	٤	٥	٤	٧	٨	٩	•
11세기 서유럽	1	ʒ	ʒ	ʒ	५	Ч	Ь	ʌ	8	9
15세기 서유럽	1	2	3	୧	Ч	6	ʌ	8	9	0
16세기 서유럽	1	2	3	4	5	6	7	8	9	0

* 기원전 3세경의 인도숫자 0은 없다.

▲ 아라비아 숫자의 변화

    바빌로니아의 육십진법은 그 위대함에도 불구하고 효용을 발휘하지 못했다. 그 이유는 기호 0이 없었기 때문이다. 실용적인 현대 산술법은 고대의 여러 가지 표기법을 완전히 폐지하고 인도에서 발명한 기호 0[9]을 사용함으로써 수의 표현의 모호성이 사라지게 되었고, 오늘날 우리는 매우 자연스럽게 전 세계 어디에서나 인도–아라비아 숫자를 사용하고 있다. 음수의 개념이 최종적인 답으로 쓰인 곳도 인도였다. 지금에 와서야 음수를 문제의 답으로 인정했지만 17세기 데카르트(Descartes)조차 음수의 답을 '가짜 답'이라고 하면서 올바른

---

[9] 6세기 중엽에 이르러서야 0이 수라는 인식이 생기게 되었다.

답과 구별하였다. 요즘 '인도 수학'이라 하면 베다수학을 많이 떠올리지만 인도 수학은 베다수학뿐만 아니라 세계 수학사에서 중요한 위치를 차지한다.

인도 수학에서는 1부터 9까지 아홉 개의 서로 다른 숫자와 특별한 기호인 0을 사용했고 각 숫자가 놓이는 자리에 따라 나타내는 값이 다른 특별한 방식으로 수를 표현했다. 약 2000년 전 인도에서는 수평 또는 수직으로 적당한 개수의 선을 그어 수를 표시했다. 이후 마른 나뭇잎이나 나무껍질에 글씨를 쓰기 시작하면서 점차 필기하는 모양이 변했다. 예를 들어 2와 3은 처음에 각각 두 개와 세 개의 획으로 표시했는데 옮겨 적거나 빨리 쓰면서 ═은 ㄹ이 됐고 ≡은 ㄹ가 되었다. 이런 패턴으로 서로 다른 9개의 숫자들이 만들어졌다고 본다. 하지만 수에 대한 변화의 진전이 여기서 멈췄다면 그리 대단한 일은 아니었을 것이다. 숫자가 지금과 같이 쓰이지 않았던 과거에는 동서양 모두 주판을 이용해 계산했다. 이 고대 주판에서 만약 ㄹㄹ이 단순히 어떤 두 홈에 각각 들어있는 두 개의 조약돌을 나타낸 것이었다면, 그 수는 22, 220, 202, 2002 등의 수 중 하나를 의미했을 것이다. 이렇게 고대 주판에서 수를 알기 위해서는 홈마다 있는 조약돌 개수뿐만 아니라 각 조약돌이 몇 번째 홈에 있는지도 알아야 했다.

💡 0의 기원

　인류가 자연으로부터 가장 먼저 얻은 수학적 지식은 태양을 본뜬 원일 것이다. 태양으로부터 비롯한 원은 남성적인 힘을 뜻하지만 영혼이나 마음, 대지를 둘러싸는 바다로부터 비롯한 원은 어머니와 같은 여성적인 부드러움을 뜻하기도 한다. 중심이 있는 원은 완전한 주기, 둥근 고리의 완전함, 존재하는 모든 가능성의 해결을 뜻하며 태양을 상징한다. 따라서 중심축이 있는 바퀴 역시 태양과 같다고 여겨졌다. 그리고 둥근 원을 닮은 숫자 0이 있다. 태양과 바퀴, 그리고 숫자 0은 인간의 사유와 삶에 지대한 영향을 미친 세 개의 원이다. 그렇다면 숫자 0은 언제, 어디서 시작되었으며, 수학사에 어떤 영향을 미쳤을까?

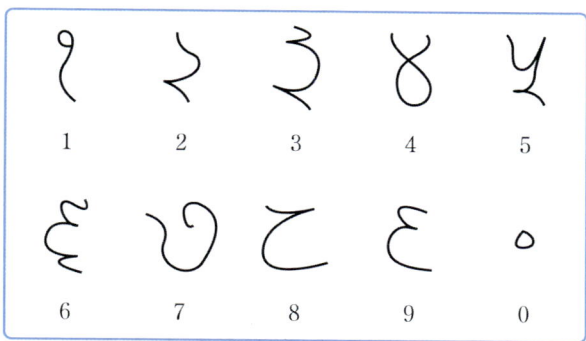

▲ 9세기경의 인도 숫자

    정확한 신원은 밝혀지지 않았지만 인도의 서기로 추정되는 한 사람이 현대에 수를 표기하는 것과 비슷한 표기법을 처음으로 고안했다. 그는 주판에서 조약돌 수를 나타내기 위해 특별한 표시를 했다. 오늘날 우리가 비어있는 자릿수를 표시하기 위해 0을 사용하는 것과 같이 그는 주판의 비어있는 열을 나타내기 위해 점을 사용했다. 따라서 22는 'ㄹㄹ'으로, 2020은 'ㄹ·ㄹ·'으로 표시했다. 학자들은 이러한 점 표시가 후에 숫자 0으로 발전하게 된 것으로 추측하고 있다.

    0을 고안하기 위해선 공백이라는 개념을 이해할 수 있어야 한다. 인도의 산스크리트어에 '공백'이나 '부재'를 의미하는 '슈냐(sunya)'라는 말이 있는데 이 말은 아주 오래전부터 인도의 삶과 문화에서 종교 및 신화적 사고의 핵심적 내용을 구성하고 있다. 본래 슈냐는 공백, 하늘, 공기, 공간의 의미를 지녔으며 나아가 창조되지 않은 것, 존재하지 않는 것, 형상화되지 않은 것, 사유되지 않은 것, 부재, 없음 등을 의미했다. 따라서 인도 학자들은 슈냐를 수의 요소로서 '없음'을 표현하는 데, 수학적 관점에서뿐만 아니라 철학적 관점에서도 매우 적절하다고 판단했다. 십진법에서 슈냐는 그것이 놓인 자릿수에 숫자가 존재하지 않음을 나타냈다.

'없음'을 나타내는 기호는 인도-아라비아 숫자에만 있었던 것은 아니다. 옛날 마야인들은 조개껍데기 모양의 기호를 만들어 0을 표시했고 바빌로니아의 수학자들은 수판의 빈 공간을 표시하기 위해 비스듬한 모양의 쐐기문자를 사용했다. 하지만 고대의 0 표시는 인도-아라비아 숫자처럼 수로 생각되기보다 단순히 빈자리의 의미로 사용됐다. 예를 들어 바빌로니아 수학자들은 어떤 계산의 결과로 0이 나오면 비스듬한 모양의 쐐기문자를 쓴 것이 아니라 '다 떨어졌다'는 말로 '없음'을 표현했다. 0을 포함해 모두 10개의 기호를 사용한 인도의 기수법은 11세기경 아라비아인들에 의해 스페인에 전해졌다. 1부터 9까지 숫자와 0을 사용하는 인도-아라비아 숫자의 등장은 획기적인 사건이었기 때문에 당시 유럽에서는 반발이 심했다. 유럽 사람들의 변화를 싫어하는 보수적인 성격도 한몫했지만 당시까지만 해도 인도-아라비아 숫자를 이용해 분수를 표기할 방법이 없어 인도의 기수법은 유럽에 널리 퍼지지 못했다.

'눈금 새기기'에서 출발한 수에 대한 인식은 오랜 세월을

거쳐 드디어 인도-아라비아 숫자에 이르렀다. 인도-아라비아 숫자는 인류의 가장 위대한 발명품 중 하나로서 이를 사용하면서 수학과 과학은 큰 발전을 이뤘다. 오늘날 인도-아라비아 숫자는 우리 생활 깊숙이 자리 잡았으며 거의 유일한 세계 공통의 '언어'로 통용되고 있다.

읽을거리

(1) 로마 숫자와 목동

양떼의 총 마릿수를 알고 싶었던 목동이 있었다. 양이 한 마리씩 지나갈 때마다 나무 막대에 눈금을 하나씩 새겨보았다. 그러나 4개의 빗금을 연이어 표기한 그는 이 빗금의 연속을 한 눈에 알아볼 수 있도록 다섯 번째 눈금 IIIII의 모양을 다르게 할 생각을 했다. 이렇게 하여 그는 새로운 셈 단위인 5를 막대가 기울어진 모습(\)으로 만들었고 이 수는 손가락 개수와 정확히 일치하는 친근한 단위라고 생각했다.

(2) 수의 체계

피타고라스는 '만물은 수이다'라고 강조한 인물로 정수만이 진정한 수라고 생각했다. '제곱수'를 발견한 것도 음악의 패턴을 발견한 것도 피타고라스였다. 이 이야기는 1장 3절에서 더 해보자. 분모와 분자가 모두 정수인 분수로 나타낼 수 있는 수를 유리수라고 한다. 특히 양의 유리수는 금융이나, 카드놀이, 보험 등에서와 같이 확률에서 본질적인 역할을 하고 있다. 유리수는 $\frac{a}{b}$꼴을 하고 있으며 $b \neq 0$을 만족하고 있다. 유리수 외에는 어떤 수도 인정하지 않은 그였지만 오히려 그는 유리

수 외에 다른 수 '무리수'가 존재함을 밝혀버렸다. 이제 수는 거대하고 완전한 체계를 갖추게 되었다.[10]

---

[10] 자연수($\mathbb{N}$, natural), 정수($\mathbb{Z}$, zahlen), 유리수($\mathbb{Q}$, quotient), 실수($\mathbb{R}$, real)로 쓴다.

02 수학혁명 시대

    지금 우리가 살고 있는 시대를 4차 산업혁명 시대라 말한다. 증기의 발명에 따른 1차 산업혁명, 전기가 들어오기 시작한 2차 산업혁명, 컴퓨터와 함께 시작하는 3차 산업혁명, 이제 컴퓨터를 기반으로 생활환경이 급격히 변화한 4차 산업 혁명의 시대를 살고 있는 것이다. 이번 절에서는 시대와 역사순서가 아니라 과거의 정의에 치우치지 않는 새로운 패러다임을 불러일으킨 수학자를 기준으로 혁명 시대를 분류해보려 한다. 각 혁명 시대에 해당하는 재미있는 내용을 알아보자.

💡 1차 수학혁명

피타고라스(Pythagoras, Πυθαγόρας, 기원전 569~500)의 등장, 《원론》의 저자 유클리드(Euclid, 기원전 325~265)의 등장, 프톨레마이오스와 기하학, 아르키메데스(Archimedes, 기원전 287~212)의 원주율(perimeter) 발견, 히에론 왕(Hieron Ⅱ)의 왕관과 "Eureka" 등 다양한 이야기가 나타나는 시대를 1차 수학혁명 시대로 분류하였다.

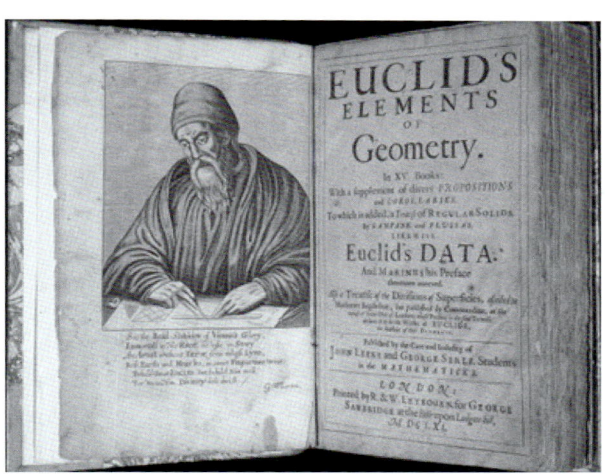

▲ 유클리드와 《원론》

💡 유클리드와 《원론》

유클리드의 《원론》은 다음과 같이 13권으로 구성되어 있다.

권	주제	관련분야
1	합동, 평행선, 직선으로 이루어진 도형	평면기하
2	기하대수학, 코사인 법칙	
3	원에 관한 정리	
4	자와 컴퍼스만을 이용한 작도	
5	에우독소스 비율 이론	정수론
6	닮음 도형	
7	호제법, 약수와 배수	
8	등비수열	
9	소수의 존재	
10	무리수, 아르키메데스의 공리	입체기하
11	선, 면, 평행육면체, 정육면체	
12	원기둥과 구의 부피	
13	플라톤의 정다면체	

《원론》에서는 23개의 정의와 5개의 공리와 공준을 기본으로 다양한 수학적 명제를 담고 있다. 그중에는 우리에게 매우 익숙한 정의가 눈에 보인다.

정의(definition)

① 점은 부분이 없는 것이다.

② 선은 폭이 없는 길이다.

③ 선의 끝은 점이다.

⋮

공준(postulate)[11]

① 임의의 점에서 임의의 점으로 직선을 그을 수 있다.

② 유한 직선은 연속적으로 직선으로 연장할 수 있다.

③ 임의의 중심과 임의의 거리로 원을 설명할 수 있다.

④ 모든 직각은 서로 같다.

⑤ 주어진 평면 위에서 한 직선에 대해 직선 외부에서 주어진 한 점을 지나며 그 직선과 평행한 단 하나의 직선이 존재한다.

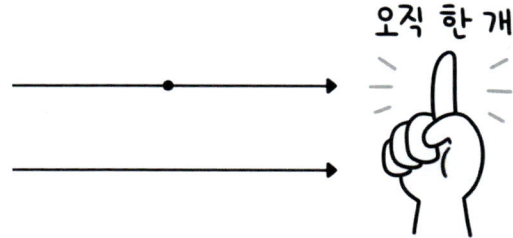

---

11 공리(Axiom)와 공준은 비슷한 기념으로 쓰인다. 특정한 성질에 대한 참으로 가정되는 문장으로 명제를 증명하기 위한 출발점으로 사용된다.

다섯 번째 공준을 유클리드의 평행선 공준이라고 한다. 이 명제에서 우리는 비유클리드 공간을 얻을 수 있었다.

💡 간추린 π 이야기

매년 2월 14일은 여자가 남자에게 사랑을 고백한다는 밸런타인데이이다. 그런데 이상하게도 우리는 3월 14일을 밸런타인데이와 반대로 남자가 여자에게 사랑을 고백하는 날이라고 하여 화이트데이로 부른다. 화이트데이는 일본의 어떤 제과회사에서 만든 날이라고 한다. 상업 전략으로 기념일을 만든 것이고 우리나라에도 전해진 것이다. 그러나 수학자들은 3월 14일을 원주율 π가 3.1415926…임을 기념하기 위하여 '파이(π) 데이'라고 이름 붙였다. 특히 미국에서 활동하고 있는 'π-Club'이라는 모임에서는 3월 14일 오후 1시 59분 26초에 모여 π 모양의 파이를 먹으며 이날을 축하한다. 그리고 π값 외우기, π에 나타나는 숫자에서 생일 찾아내기 같은 게임과 원과 관련된 놀이기구의 길이, 넓이, 부피 구하기 등의 퀴즈 대회를 한다.

π는 원이나 구에서 찾을 수 있는 특별한 값이다. 그리스 최고의 철학자 중 한 명인 아리스토텔레스는 원과 구에 대하여 다음과 같이 말했다.

"원과 구, 이것들만큼 신성한 것에 어울리는 형태는 없다. 그러기에 신은 태양이나 달, 그 밖의 별들, 그리고 우주 전체를 구 모양으로 만들었고, 태양과 달 그리고 모든 별이 원을 그리면서 지구 둘레를 돌도록 하였던 것이다."

우주가 지구를 중심으로 돌고 있다는 아리스토텔레스의 천동설이 옳지 않다는 것은 이미 판명되었고, 별들이 원을 그리면서 도는 것도 아니지만, 원과 구의 완벽함에 대한 그의 찬사는 정당한 것이었다. 원은 '한 평면 위의 한 정점(원의 중심)에서 일정한 거리(반지름)에 있는 점들의 집합'이다. 따라서 원은 반지름의 길이에 따라 크기만 달라질 뿐 모양은 모두 똑같다. 그리고 원의 둘레의 길이는 반지름의 길이에 따라 정해진다. 특히 원의 둘레의 길이와 지름은 원의 크기와 상관없이 일

정한 비를 이루는데, 이 값을 원주율이라고 하고 기호 π로 나타낸다. 이 기호는 '둘레'를 뜻하는 그리스어 '$\pi\varepsilon\rho\iota\mu\varepsilon\tau\rho o\varsigma$'의 머리글자로 18세기 스위스의 수학자 오일러가 처음 사용했다.

반지름의 길이가 주어졌을 때 원의 둘레와 지름의 비율인 원주율 π를 구하려는 노력은 아주 오래전부터 있어왔다. 그런 수학자 중에는 아르키메데스도 있었다. 아르키메데스는 π에 관심이 많았기 때문에 그 값을 정확하게 구하기 위하여 많은 노력을 했다. 그는 원의 둘레의 길이를 측정하기 어려우므로 원에 내접하고 외접하는 정다각형을 이용하여 원의 둘레의 길이를 구하였다. 즉, 다음의 성질을 이용한 것이다.

내접하는 정n각형의 둘레의 길이 < 원의 둘레의 길이
< 외접하는 정n각형의 둘레의 길이

아래 그림은 반지름의 길이가 1인 원에 내접하고 외접하는 정사각형을 그린 것이다.

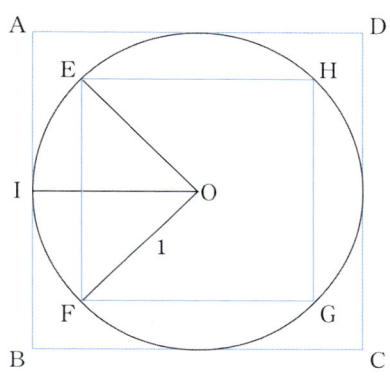

▲ 외접하는 정사각형의 둘레

외접하는 정사각형의 둘레의 길이는

□ABCD의 둘레의 길이 $= 2 \times 4 = 8$

이다. 한편 △OEF는 $\overline{OE} = \overline{OF} = 1$인 직각 이등변 삼각형이므로 피타고라스의 정리에 의해 $\overline{EF} = \sqrt{2}$ 라는 것을 알 수 있고 내접하는 정사각형의 둘레의 길이는

□EFGH의 둘레의 길이 $= \sqrt{2} \times 4 \approx 1.414 \times 4 = 5.656$

이다. 따라서 원의 둘레는 5.656보다는 크고 8보다는 작다고 할 수 있다. 그리고 반지름이 1인 원의 둘레는 π의 두 배이니까 이 계산으로는 π는 2.8보다는 크고 4보다는 작다고 할 수

있다. 위의 그림과 같이 정8각형을 원에 외접하고 내접하게 그려서 정8각형의 둘레의 값을 구한다면 조금 더 참값에 가까운 π의 근삿값을 구할 수 있을 것이다.

아르키메데스는 이와 같은 방법으로 정96각형을 이용하여 원의 둘레의 길이와 원주율 π의 근삿값을 구하였다. 아르키메데스의 계산 결과는 다음과 같다.

$$3.14084507042\cdots = \frac{223}{71} < \pi < \frac{22}{7} = 3.142857142857\cdots\, [12]$$

이처럼 최초로 소수점 두 자리까지 정확한 값을 구해냈기 때문에 π를 '아르키메데스의 수'라고도 부른다.

지금 이 순간에도 π의 정확한 값을 구하기 위하여 많은 수학자들이 노력하고 있다. 다음은 π에 관련된 몇 가지 역사적인 내용들이다.

- 약 150년경 : 프톨레마이오스(Claudius Ptolemy)가 그의 명저 《수학대계》에서 π를 3.1416으로 주었다.
- 약 480년경 : 중국의 조충지(祖沖之)는 π의 유리근삿값 $\frac{355}{113} = 3.1415929\cdots$를 만들었는데, 이 값은 π의 소수점 여섯째 자리까지 정확하다.
- 약 1150년경 : 인도 수학자 바스카라(Bháskara)는 π의 값을

---

[12] 7월 22일은 제2의 π-day라고 한다.

$\dfrac{3927}{1250} = 3.1416$으로 주었다.

1650년 : 영국의 수학자 월리스(John Wallis)는 다음과 같은 재미있는 식을 만들었다.

$$\dfrac{\pi}{2} = \dfrac{2 \cdot 2 \cdot 4 \cdot 4 \cdot 6 \cdot 6 \cdot 8 \cdots}{1 \cdot 3 \cdot 3 \cdot 5 \cdot 5 \cdot 7 \cdot 7 \cdots}$$

1767년 : 람베르트(Johann Heinrich Lambert)는 π가 무리수임을 증명했다.

1882년 : 어떤 수가 유리수를 계수로 갖는 다항식의 근이면 대수적 수(algebraic number)이라고 하고, 그렇지 않으면 초월수(transcendental number)라고 하는데, 린데만(F. Lindemann)은 π가 초월수임을 증명했다.

2022년 : Chat GPT에게 π에 대해 질문하면 다음과 같이 말하고 있다. "π는 무리수이기 때문에 끝없이 소수점 이하 자릿수가 이어진다. 하지만 일반적으로 많이 사용되는 값은 3.1415926535897932 등 16자리까지라고 한다. 더 많은 자릿수를 필요로 하는 경우, 다양한 방법으로 더 많은 자릿수를 찾을 수 있지만 현재로서는 인터넷에서 수십억 자리까지 계산된 π값을 찾을 수 있다. 그럼에도 불구하고 더 많은 자릿수를 찾는 것은 점차적으로 계산이 어려워지며, 실용적으로는 50억 자리 이상까지의 정확도는 필요하지 않다."

💡 2차 수학혁명

 7세기 무렵인 이슬람 시대의 수학을 2차 수학혁명 시대로 분류하였다. 이 시기의 대표적 인물은 무하마드 이븐 무사 알 콰리즈미(muhammad ibn Musa al-Khwarizmi, 780~850)이다. 그는 《복원과 소거의 과학, Al-jabr wa'l muqabalah》이라는 책에서 대수(代數, al-jabr[13])라는 용어를 사용했으며 오늘날 대수학의 바탕을 이루게 하였다. 그러나 이 당시의 방정식의 계산에서 음의 근은

▲ 알 콰리즈미

---

13 대수의 영어 algebra가 여기에서 시작되었다.

무시되어 있었다. 또한 《인도 계산의 기술》이라는 책을 통해 우리가 알고 있는 아라비아 숫자의 표기법을 소개하였다. 또한 현대에서 가장 많이 사용되는 알고리즘이라는 용어도 위대한 수학자의 이름에서 얻어 온 것이다.

알 콰리즈미 → 알고리트미(Algoritmi) → 알고리즘(Algorithm)

알 콰리즈미는 이차 방정식의 근을 구하는 알고리즘을 제시하였다. 그러나 이 당시에는 음의 근은 불필요한 대상이었으므로 양의 근만을 진정한 근으로 여기고 있었다.

시간이 지나 음의 근을 인정하고 실수가 아닌 수도 근[14]으로 인정하는 시대가 왔다.

💡 아르스 마그나

고대 바빌로니아에서는 $x^3 + x^2 = c$ 형태의 3차 방정식을 풀기는 했지만 일반적인 해법을 알고 있지는 않았다. 그리스와 이집트에서도 3차 방정식의 풀이에 도전했지만 성공을 거두진 못했다. 최초로 3차 방정식의 해법을 발견한 사람은 이탈리아 수학자 페르로(S. Ferro)였다. 그러나 그는 해법을 발

---

[14] 허근(imaginary roots)

표하지 않고 사위인 피올레에게만 전수하고 세상을 떠나버렸다. 이때 타르탈리아(N.Tartaglia)는 독자적으로 3차 방정식의 해법을 알아내게 된다. 피올레는 타르탈리아와 3차 방정식의 진정한 발견자 자리를 두고 타르탈리아와 공개 석상에서 서로의 문제로 다투게 된다. 1535년 벌어진 이 시합에서 타르탈리아는 피올레의 문제를 모두 해결하였지만 피올레는 타르탈리아가 제시한 문제를 한 문제도 풀지 못하였다. 이제 명실공히 3차 방정식의 해법은 타르탈리아의 몫이 되는 듯했다. 이때 밀라노 대학의 지롤라모 카르다노(G. Cardano)는 타르탈리아의 경제적 약점을 이용해 좋은 후원의 약속과 함께 타르탈리아가 발표하기 전까지는 반드시 다른 사람에게는 그 해법을 알려주지 않는다는 조건으로 타르탈리아로부터 해법을 전수받았다. 몇 년 후, 카르다노는 그의 책 《아르스 마그나[15]》에서 3차 방정식의 해법을 실어서 발표해버린다. 화가 난 타르탈리아는 카르다노에게 도전하게 되었고, 이에 카르다노는 그의 제자 페라리(L.Ferrari)를 대리로 내세워 도전을 받아들인다. 시합 장소인 밀라노는 카르다노의 연고지였기 때문에 페라리의 응원자로 가득했고 자신의 억울함을 호소하던 타르탈리아는 언어적 장벽을 이기지 못하고 되돌아 와버린다. 이 결과 3차 방정식의 해법은 카르다노의 방법이라 인용하게 되었다. 역

---

[15] Ars Magna, 위대한 기법

사는 타르탈리아의 노고는 조금 인정했지만 결국 모든 것은 승자의 몫이 되어버렸다.

▲ 《아르스 마그나》

카르다노는 《아르스 마그나》에서 다음과 같은 문제를 제시했다.

"더해서 10이 되고 곱해서 40인 두 수를 구하라."

이것의 풀이는 매우 간단한 것이었다. 중·고등학생이면 누구나 다음과 같은 식을 생각할 것이다.

$$\begin{cases} x+y=10 \\ xy=40 \end{cases}$$

《아르스 마그나》에서 카르다노가 제시한 해법은 $(5+x)(5-x)=40$ 이었다. 이 식을 풀면

$$25-x^2=40$$

$$x^2=-15$$

가 된다. 제곱해서 -15가 되는 실수는 존재하지 않는다. 그렇지만 카르다노는 이 수를 $\sqrt{-15}$ 라고 적었다. 따라서 구하는 두 수는

$$5+\sqrt{-15} \text{ 와 } 5-\sqrt{-15}$$

라고 밝혔다. 이렇게 답을 적어 놓긴 했지만 "이것은 궤변적이며 수학을 이 정도까지 정밀하게 하더라도 실용적으로 사용할 방법이 없다"고 덧붙였다.

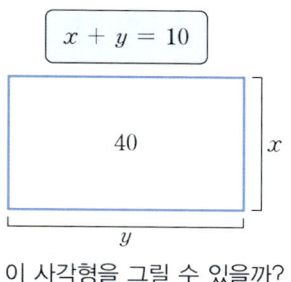

이 사각형을 그릴 수 있을까?

당시에는 허수의 개념이 없었기 때문이다. 데카르트(Descartes)는 이 수를 부정적 의미를 더해서 상상의 수(imaginary number)라고 불렀으며, 나중에 오일러(L.Euler)가 허수 단위[16] i를 정했다. 카르다노가 실용적으로 사용할 방법이 없다고 했지만 현대 과학이나 물리학, 예컨대 양자역학의 기본방정식에 허수의 개념의 들어가 있고, 스티븐 호킹이 제창하는 우주의 기원에 대한 물리 이론에도 '허수 시간'이 등장한다.

💡 5차 방정식의 해법

16세기에 3차 방정식, 4차 방정식의 해법까지 알아낸 수학자들은 5차 이상의 방정식의 해법에 도전하게 된다. 1746년 달랑베르(Jean Le Rond d'Alembert)가 대수학의 기본정리

---

[16] $i = \sqrt{-1}$

"계수가 모두 복소수인 1원 n차 방정식은
적어도 하나의 복소수 해를 갖는다."

의 증명을 시도했고, 1799년 22살의 젊은 가우스(Carl Friedrich Gauss)가 완벽하게 증명함으로써 5차 이상의 방정식에도 반드시 해가 존재한다는 것을 확인하게 되었다. 다만 그 일반적인 해법을 알지 못하고 있었다. 꾸준한 도전 속에 300여 년이 지난 후 19세기에 두 명의 젊은이가 등장하여 일반적인 해법의 불가능성을 증명하게 된다. 바로 닐슨 핸릭 아벨(Niels Henrik Abel, 1802~1829)과 에바리스티 갈루아(Évariste Galois, 1811~1832)이다.

▲ 아벨(왼쪽)과 갈루아(오른쪽)

아벨의 중학교 선생님은 매우 폭력적이었다. 이 폭력교사는 국회의원의 아들을 죽이는 사건 때문에 물러나게 되고 후임으로 교사 홀름보에(B.M.Holmboe)를 만나게 되었다. 자기주도학습을 권하는 이 훌륭한 교사 덕분에 아벨은 수학에 눈을 뜨게 되었다. 17살이 되었을 때 논문 〈5차 이상의 방정식을 어떻게 푸는가?〉를 완성하였으나 오류를 갖고 있었다. 불우한 가정환경 때문에 주변의 다른 교수들의 경제적 지원으로 어렵게 학업을 진행하고 있었다. 21살 때 정부 자원을 받고자,

〈5차 방정식의 일반적인 해법의 불가능성을 증명한
대수 방정식에 관한 논문〉

을 프랑스어로 써서 출판했다. 이 논문의 심사를 맡은 가우스는 아벨의 논문을 까맣게 잊고 누락시켜버렸다. 또 다른 이야기로는 가우스는 이미 25년 전에 '모든 대수 방정식은 해를 갖는다'는 것을 증명했기 때문에 아벨의 논문 제목을 '5차 방정식은 풀 수 없다'는 말로 착각했다는 내용이 전해지고 있다.

많은 노력 끝에 24살의 아벨은 해외 수학자들로부터 인정

받는 존재가 되었다. 이때 파리 아카데미에 타원함수에 관한 대 논문을 제출하였으나, 심사 위원이었던 코시(A.L. Cauchy)가 이것을 책상 서랍에 넣어두고 또 잊고 말았다. 이로 인해 경제적 어려움에 힘들어하던 아벨은 아무런 직업도 얻지 못한 채 실의에 빠져버렸다. 독일의 베를린 대학의 교수 초빙이 거의 확실시되었지만 이마저도 좌절되면서 간신히 생활을 이어가던 중 유학 중 걸린 결핵 때문에 연인 크리스티느를 남겨두고 1829년 4월 6일, 26살의 생애를 마감하게 되었다. 그가 죽은 지 이틀 후 베를린 대학에서 교수로 초빙한다는 편지가 배달되었다.

아벨보다 9살 어린 갈루아 (E, Galois, 1811~1832)는 중학생인 15세 때의 나쁜 학업 성적 때문에 낙제를 하게 되었다. 이를 만회하기 위해 수학을 선택하였고, 이미 르장드르[17]의 수업 《기하학 원론》의 절반 이상 진행된 내용을 따라잡기 위해 독학으로 공부했다. 보통 1년이 걸려야 하는 내용을 이틀 만에 읽어버렸다고 하니 그 천재성이 엿보인다. 전공인 수사학(修辭學)보다 수학에 열중했다. 그러나 수학 성적에서 1등을 한 것은 아니었다. 이는 일반적인 수학 교과의 공부보다 5차 방정식의 대수적 해법과 같은 어려운 문제만 관심을 보였기 때문이다. 주변의 여러 걱정에도 불구하고 문제에 몰두하던

---

[17] A.M Legendre

중에 차츰 이 문제는 풀리지 않는다는 생각을 하게 되었다. 갈루아는 수학교사인 리샤르 선생님을 만나게 되면서 우수성을 인정받을 수 있었다.

17살의 어린 갈루아는 5차 이상의 방정식을 대수적으로 푸는 것은 불가능하다는 내용을 담고 있으리라 여겨지는 논문 〈순환연분수에 대한 정리의 증명〉을 발표했다. 이 논문의 심사는 코시(Cauchy)에게 맡겨졌으나 이를 분실하고 만다. 이미 아벨이 자비로 그 내용을 발표했지만 갈루아는 이것을 몰랐던 것 같다. 그러나 아벨과는 전혀 다른 접근 방식을 택한 것이 갈루아이다. 18살이 된 갈로아는 파리 아카데미에 〈방정식의 일반해에 대하여〉를 투고하였으나 심사를 맡은 푸리에(Joseph Baron Fourier)가 갑자기 사망했기 때문에 그 논문의 행방을 찾을 수 없게 되었다.

이 무렵 프랑스 7월 혁명[18]에 의해 새 정부가 들어서게 되고 이에 반대 입장을 지니고 있던 갈루아는 그때까지 다니던 교원 양성대학에서 퇴학을 당하고 급진적인 정치가가 되었다. 정치범 수용소에 여러 번 구속되었으며 그곳에서 콜레라에 걸리게 되어 용야소로 옮겨지게 되었다. 요양소에서 한 여성을 사랑하게 되었지만 이미 그 여자의 연인이었던 한 남자와 5월 31일 결투를 하게 되었고 이 결투에서 갈루아는 20.59살[19]의 짤막한 생을 마치게 되었다.

3차 수학혁명

수학에서 미분적분학의 등장은 하나의 혁명과도 같다. 데카르트, 뉴턴, 라이프니츠, 코발레프스카야의 등장은 일상 속의 많은 법칙을 수학으로 설명하는 시대가 되었다는 것을 말하고 있다.

르네 데카르트(René Descartes, 1596~1650)는 근대철학의 아버지라 불리며 수학[20]에 대단히 많은 관심을 보인 인물이다. 방정식에 쓰이는 미지수에 x를 도입하기도 하였다. 그의 가장 큰 수학적 업적은 좌표라는 개념을 발견해낸 것이다.

---

18 1830년 7월 샤를 10세 퇴위
19 약 20년 7개월
20 해석기하학의 창시자

데카르트는 1618년 네덜란드에서 군 생활을 하던 중에 침대에 누워 명상을 하고 있었을 때 천정에서 파리 한 마리를 보게 되었다. 이리저리 옮겨 다니는 파리를 보다 천장에 가로줄과 세로줄을 그려 파리의 위치를 표시할 수 있겠다는 천재적 발상을 하게 되었다. 데카르트는 이후 1637년 《이성을 잘 인도하고 학문에 있어서 진리를 잘 탐구하기 위한 방법서설》이라는 책을 통해 그 유명한 "나는 생각한다. 고로 존재한다."라는 글을 남겼으며 굴절광학, 기상학, 기하학을 소개하였다.

 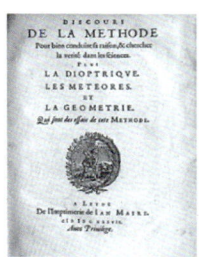

▲ 데카르트와 《방법서설》

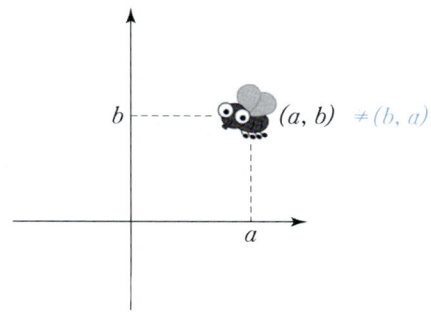

▲ 데카르트의 천정

💡 미적분학의 등장

　1666년 기적의 해라고 불리는 이때에 영국의 수학자 뉴턴 (Isaac Newton, 1642~1727)이 〈유율(fluxion)에 대한 논문〉을 발표한다. 곡선은 점의 연속적인 운동에 의해 생성되는 자취라고 생각한 그는 생성점은 크기가 변하며 이 변화하는 양을 변량(fluent)라 하고 변량의 변화하는 비율을 유율이라고 불렀다. 곡선에 접하는 접선의 기울기를 구하고자 했던 뉴턴의 아이디어는 우리가 미분이라고 부르는 새로운 수학의 탄생이었던 것이다. 그러나 미분의 발견은 또 다른 수학자 라이프니츠에 의해서 1974년에 발표되었다. 뉴턴보다 10년 늦은 발표였지만 뉴턴은 자신이 발견한 것이라는 사실을 공표하지 않았기 때문에 누가 최초의 미적분 발견자인가 하는 논쟁은 영국과 유럽 대륙의 수학계의 싸움으로 번지게 되었다. 100여 년간의 다툼 끝에 두 사람의 독자적인 발견으로 결론지어졌다. 한편, 라이프니츠는 현대의 기호인 dx, dy, $\frac{dy}{dx}$, $\int$ 등을 소개하였고 뉴턴을 이렇게 평가하였다.

　　"태초부터 뉴턴이 살았던 시대까지의 수학을 놓고 볼 때,
　　　　그가 이룩한 업적은 반 이상이다."

▲ 뉴턴과 라이프니츠

미적분학은 이후 발전을 거듭하였고 현대에 주목할 만한 인물로는 소피아 코발레프스카야(Sofia Kovalevskaya)가 있다. 그녀는 베를린 대학에서 바이어슈트라스를 만나서 매우 어려운 문제의 솔루션을 제시하면서 수학계의 떠오른 여성 수학자로서 편미분 방정식, 자이로 스코프의 역학을 발견했으며 토성의 고리에 대한 학설을 발표했다. 현대적 대학에서 박사 학위를 받은 최초의 여성이 되었다.

▲ 소피아 코발레프스카야

💡 4차 수학혁명

　컴퓨터와 함께하는 수학은 새로운 모습을 선보이게 되었다. 컴퓨터를 사용하게 된 첫 번째 수학은 무한(∞)[21]과 집합이다. 이와 같이 수학이 컴퓨터와 만나는 시대를 4차 수학혁명 시대로 나누었다.

　칸토어(Georg Cantor, 1845~1918)는 무한이라는 개념에 대한 도전을 받아들였다. 무한에 대해서는 많다거나, 적다든가, 같다든지 하는 것은 다루지 말자고 했던 갈릴레이에 대한 도전으로 무한을 비교해보고자 했던 것이다. 이 문제를 해결하기 위해 그는 집합이라는 개념을 만들었다. 칸토어가 살던 당시의 상식으로 여겨졌던 "전체는 부분보다 크다", 또는 "무한은 모두 같은 것이다"는 무한에 의해 무너져버리게 된 것이

---

[21] 이 기호는 영국의 수학자 존 월리스(John wallis, 1616~1703)가 처음 사용하였다.

다. 무한의 입증으로 인해 자연수의 개수[22]와 유리수의 개수는 같고, 자연수와 실수는 그 개수가 같지 않다는 것이 밝혀지게 된다. 칸토어에 의해 무한에는 농도(또는 짙음)의 차이가 있다는 것이 알려졌으며, 무한끼리 비교할 수 있게 되었다. 아직도 무한을 이해하지 못한 경우에는 이 말이 아리송하게 여겨질 것이다. 그럼에도 불구하고 무한을 기초로 한 집합의 개념은 수학의 전 분야에서 매우 중요한 이론으로 여겨지고 있다.

💡 컴퓨터 과학

컴퓨터 과학의 선구자로 불리는 앨런 튜링(Alan M. Turing, 1912~1954)은 수학자이자 암호학자이다. 암호란 어떤 약속을 통해 원하는 사람들만이 알 수 있게 만든 행동, 기호나 말을

---

[22] 농도라는 의미를 갖고 있다.

의미한다. 현대 사회는 암호가 없이는 많은 일에 어려움이 따를 것이다. 군사적으로나 개인적으로나 암호의 중요성은 두말할 필요가 없을 것이다.

　1939년 독일의 군사 암호인 '애니그마'를 풀기 위해 영국의 블레츨리 파크에서 일하게 된 튜링은 콜로서스란 컴퓨터를 만들게 되었고 독일의 암호체계를 풀어버렸다. 과거에 만들어진 수많은 암호들은 컴퓨터와 수학의 결합으로 그 해독법이 밝혀지고 있다. 그러나 수학과 컴퓨터의 결합은 오히려 더 복잡하고 획기적인 암호를 만들어내기도 한다. 인터넷 보급으로 인한 보안의 중요성은 몇 번을 강조해도 지나치지 않는 시대가 되었다. 미래의 유능한 암호학자가 꿈이라면 컴퓨터뿐 아니라 수학도 좋아해야 할 것이다.

▲ Bletchley Park

　컴퓨터의 발전은 만델브로(Madelbrot, 1924~2010)가 창시한 프랙털(fractal)기하학[23]에도 큰 영향을 미쳤다. 전체와 부분이 같은 형태가 무한히 반복되는 구조를 가지고 있는 도형을 프랙털이라고 하는데, 단순함 속에 숨어있는 복잡성을 밝히기에 컴퓨터만한 인재가 없다. 만델브로는 정보, 물리, 생리학 등 다양한 분야에 이 프랙털이라는 개념을 적용시켰다. 현대는 디자인, 회화와 같은 예술 분야뿐 아니라 해안선이나 식물, 강의 수위 변화의 패턴과 같은 통계 수학의 기초를 이루고 있는 이 개념 역시 컴퓨터의 도움을 엄청나게 받고 있다.

---

23 프랙털 기하학에 관해서는 4장 3절에 소개하겠다.

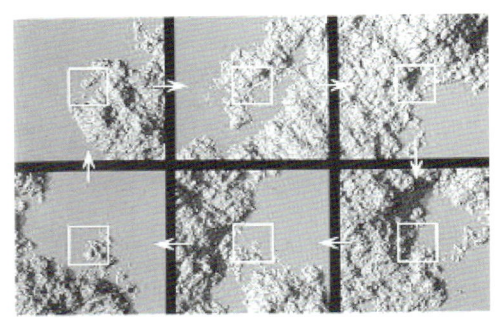

▲ 해안선을 확대해가는 모습

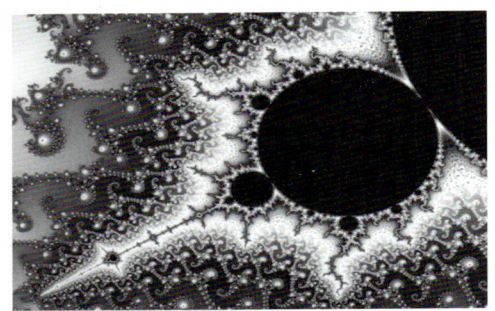

▲ $f(z) = z^2 + C$를 확대한 모습

 4차 수학혁명 시대라 부를 수 있는 현대 사회에서 수학은 컴퓨터와 함께 발전을 거듭해 나가 초음파, CT, 치료 성공률 예측, 인체 내 생명현상의 수리적 모델링과 같은 의료계와 광고, 스포츠 분석, 음원, 미술 작품의 분석과 관련된 산업계를 포함한 더 많은 분야에서 중요하게 쓰일 것이다.

 고대 문명의 시작부터 현대에 이르기까지 수학을 단순히 네 가지 혁명으로 분류한 것에는 분명 무리가 있다. 그럼에도 불구하고 인공지능이라는 거대한 세계를 마주하고 있는 지금 시대를 4차 수학혁명이라 표현했다. 인공지능의 편리함에 안주하기보다는 어떻게 이것을 이용할 것인지를 더 많이 고민하고 현대의 수학으로부터 획기적인 새로운 수학의 형태가 나오기를 바라기 때문이다. 인공지능에게 질문하면 미분도 적분도 간단하게 답을 알려준다. 그러나 인공지능은 그 답이 주는 의미는 알지 못한다, 그것은 순전히 우리의 몫인 것이다. 우리가 제대로 4차 산업 혁명 시대의 편리함을 잘 이용한다면, 이를 통해 더 멋진 미래를 향해 갈 수 있으리라 생각한다. 인류가 지금까지 그랬던 것처럼 말이다. 다가올 새로운 미래의 수학, 5차 수학혁명이 여러분의 손에 의해 창조되길 기대해본다.

읽을거리

(1) π를 기억하는 다양한 방법

π와 관련된 이야기 중에서 재미있는 것 중 하나는 π를 많은 자리까지 기억하기 위하여 생각해낸 다양한 방법들이다. 그중에서 다음에 소개하는 방법은 1906년 〈Literary Digest〉지에 실린 오르(A. C. Orr)의 작품으로, 단순히 각 단어를 문자의 수로 바꾸면 정확히 π의 소수 30자리까지의 값이 된다. 오르는 아르키메데스의 위대함을 이 작품에 담고 있다.

> Now, I, even I, would celebrate
> In rhymes unapt, the great
> Immortal Syracusan, rivaled nevermore,
> Who in his wondrous lore,
> Passed on before,
> Left men his guidance
> How to circles mensurate

π를 기억하기 위한 또 다른 흥미로운 방법 중 하나는 노래를 듣는 방법이다. 인터넷에는 π의 값을 노래로 만들어 불러주는 사이트도 있다.[24]

---

[24] https://www.youtube.com/watch?v=3HRkKznJoZA

(2) 바늘과 π

종이에 바늘의 길이와 간격이 같은 평행선을 여러 개 그린다. 던진 바늘의 개수(N)와 선과 만난 바늘의 개수(M)로부터 파이값을 얻을 수 있다.

$$\pi = \frac{2N}{M}$$

읽을거리

(3) 알 콰리즈미의 이차 방정식 해법

이차 방정식의 근을 구하기 위해서 알 콰리즈미는 다음과 같은 방법을 사용하였다.

문제: 근의 제곱과 근의 6배의 합이 16이 되는 근을 구하라.

해법: 위 문제를 $x^2 + 6x = 16$로 두고 다음 순서대로 근을 구한다.

① 일차항의 근의 계수의 반을 선택한다. 결과 : 3
② 그 수를 제곱하라. 결과 : 9
③ 그 결과에 16을 더하라. 결과 : 25
④ 여기에 제곱근을 취하라. 결과 : $\sqrt{25} = 5$
⑤ 이 수에서 ①의 수를 빼라. 결과 : $5 - 3 = 2$

이제 구하는 근은 2임을 알 수 있다.

근의 공식에 의한 해법: 근의 공식을 사용하여 음의 근을 포함한 답을 얻을 수 있다. $x^2 + 6x - 16 = 0$에서 근의 공식을 사용하면

$$x = \frac{-6 \pm \sqrt{36 + 64}}{2} = \frac{-6 \pm 10}{2}$$

에서 $x = 2$ 또는 $x = -8$임을 안다. 인수분해를 이용하면 $x^2 + 6x - 16 = (x - 2)(x + 8) = 0$에서 근을 구할 수 있다.

(4) 3차 방정식의 근의 공식

타르탈리아의 본명은 폰타냐이다. 그러나 어릴 적에 프랑스 점령군에게 혀가 잘리는 일을 당하게 되었고 이로 인해 말하는 데 장애가 생기게 되었다. 타르탈리아란 이탈리아어로 말더듬이란 뜻을 의미한다. 카르다노의 자서전에 따르면 나중에 두 사람은 화해했다고 한다.

$5+\sqrt{-15}$ 와 $5-\sqrt{-15}$ 라는 표현은 《아르스 마그나》가 쓰인 당시에는 존재하지 않는 표현이었다. $\sqrt{}$ 기호가 없었고 근을 의미하는 라틴어 Radix에서 유래한 기호 Rx가 쓰였다, 또한 플러스 기호는 p로 마이너스 기호는 m을 사용하여 각각

$$5p : Rxm : 15$$
$$5m : Rxm : 15$$

로 적혀있다.

3차 방정식을 예로 들어, $ax^3+bx^2+cx+d=0$(단, $a\neq 0$)에서 양변을 a로 나누면 $x^3+(b/a)x^2+(c/a)x+(d/a)=0$이 되므로 $x^3+Ax^2+Bx+C=0$과 같은 형식이다. 이제 $X=x+\frac{1}{3}A$로 치환하면 방정식은 $X^3+pX+q=0$이라는 방정식이 된다. 이 식이 바로 타르탈리아가 제시한 3차 방정식이다.

📘 읽을거리

이 식의 근은

$$X = \sqrt[3]{-\frac{q}{2} + \sqrt{\left(\frac{q}{2}\right)^2 + \left(\frac{p}{3}\right)^3}} + \sqrt[3]{-\frac{q}{2} - \sqrt{\left(\frac{q}{2}\right)^2 + \left(\frac{p}{3}\right)^3}}$$

를 얻는다.

    4차 방정식의 해법은 카르다노의 제자 페라리가 발견한 것으로 3차 방정식의 해법보다는 (상대적으로) 수월하게 얻어졌다. $ax^4 + bx^3 + cx^2 + dx + e = 0$을 치환 $x = y - \frac{b}{4a}$을 사용하여 y에 관한 y^3 항이 없는 4차 방정식으로 만들면, 이식은 y에 관한 완전 제곱 꼴이 되고 이것으로부터 결국 y에 관한 2차 방정식이 되므로 근을 얻을 수 있다.

03

수 중의 수는?

💡 무리수

피타고라스는 그의 유명한 정리

"어떤 직각삼각형이든지 빗변의 제곱은
나머지 두 변의 제곱의 합과 같다."

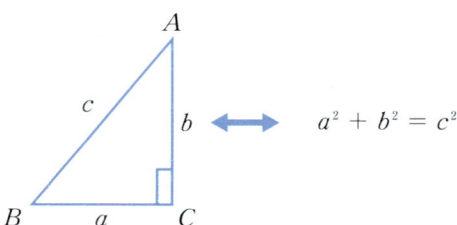

를 발표하면서 신께 감사의 제사까지 올린 것으로 알려져 있다. 빗변이란 직각을 마주보는 변이고, 직각은 한 바퀴의 $\frac{1}{4}$을 말한다. 피타고라스의 정리는 초기 기하학의 히트작이었던 것이다. 이 정리는 그 역도 성립한다. 아무 수나 3개를 선택하여 그중 두 수의 제곱의 합이 다른 한 수의 제곱과 같다면, 각 길이에 해당하는 직선들로 언제나 직각 삼각형을 만들 수 있다. 그러나 이 정리의 이름에 피타고라스를 붙여도 좋을까?[25] 이 위대한 정리에 대한 증명은 여러 가지가 있다. 인도의 수학자 바스카라는 12세기에 쓴 책 《릴라바티(Lilavati)》에서 아래 그림을 소개하였다.

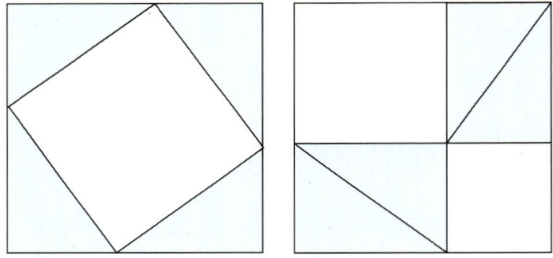

이 그림을 소개한 피타고라스 정리에 대한 바스카라의 증명은 매우 간단했다.

"봐!!" Q.E.D.[26](Quod erat demonstrandum)

---

[25] 피타고라스는 마지막까지 책을 한 권도 남기지 않았다. 피타고라스 학파의 제자들에 의해 붙여진 이 정리에는 어떤 이름이 어울릴 것인가는 독자의 몫이다.

무리수에 관한 재미있는 이야기가 있다. 피타고라스의 학파에서 공부하던 제자 히파서스(Hippasus, 기원전 500)는 피타고라스를 매우 난처하게 만들었다. 모든 수가 유리수에 포함되며 우주가 두 수의 조화로운 비례로 이루어졌다고 하는 생각에 위배되는 수가 존재한다면 정말 큰일이 아니겠는가? 히파서스는 바로 그 수, 무리수를 발견한 것이다. 동지들은 히파서스가 발견한 유리수로 쓸 수 없는 수의 발견을 환영하지 않았고, 그를 이단으로 규정하여 바다에 빠트려 죽였다고 전해진다.

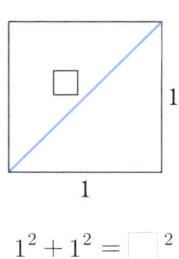

$1^2 + 1^2 = \Box^2$

26 Quod Erat Demonstrandum 증명 끝

위 그림에서 □에 들어갈 수는 얼마인가? 이것이 피타고라스를 난처하게 만든 히파서스의 바로 그 질문이었다.

💡 소수

돌멩이를 나열해보자. 처음에는 2개

다음에는 3개,

다시 5개,

이제 또 7개를 나열했다.

다음에는 몇 개를 나열할까? 아마도 돌멩이의 나열에 대한 흐름(규칙)을 이해한 경우라면 어렵지 않게 11개의 돌멩이를 나열할 것이다. 이 흐름이 바로 "소수(prime number)"라는 규칙들의 흐름이라는 것을 알고 있는 것이다. '소수는 특별한가?'

에 대한 정답은 없지만 독창적인 성질을 갖고 있는 수임에는 틀림없다.

이때 두 개의 소수를 서로 곱하여 얻은 수를 합성수[27] (composite number)라 하고, 합성수를 다시 두 개의 소수의 곱[28]으로 나타내는 것을 소인수분해(prime factorization)라고 한다.

💡 1은 소수일까?

1은 소수일까? 합성수일까? 두 질문에 대한 답은 둘 다 'No' 이다. 특이하게도 1은 자연수 중에서 유일하게 소수도 아니고, 합성수도 아닌 수다. 소수란 양의 약수가 1과 자신뿐인, 1보다 큰 자연수를 말한다. 따라서 소수는 약수를 2개만 갖는다. 북한에서는 소수를 '씨수(seed number)'라고 부르는데, 그 이유가 수학적이다. 어떤 자연수라도 소인수분해를 통해 소수들의 곱으로 나타낼 수 있다. 따라서 모든 자연수의 근원은 소수라고 생각할 수 있다. 그런 점에서 북한에서 소수를 씨앗이 되는 수, 씨수라고 부르는 것이다.

---

[27] 1보다 큰 자연수 중에서 소수가 아닌 수를 말한다.
[28] 반드시 두 개일 필요는 없다. $30 = 2 \times 3 \times 5$와 같이 세 개의 소수로 소인수분해 할 수도 있다.

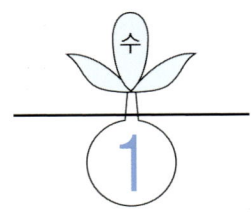

그러면 1은 왜 소수가 될 수 없을까? 만약 1을 소수로 받아들인다면, 숫자 6을 소인수분해 한 결과가 2×3 단 한 가지만 나오는 것이 아니라 $1×2×3$, $1^2×2×3$, $1^3×2×3$, …와 같이 다양한 형태로 나타난다. 이것은 어떤 수를 소인수분해 했을 때, 단 한 가지 형태로 나타나야 한다는 산술의 기본정리에 어긋나는 것이다. 따라서 1은 소수가 되기에는 적당하지 않다.

그렇다면 자연수 중에 소수는 몇 개나 있을까? 자연수가 무한히 많은 수로 이루어져 있듯, 소수의 개수도 무한하다. 이 사실에 대한 증명은 기원전 3세기경 그리스의 수학자 유클리드(Euclid, 기원전 330?~275?)가 쓴 책인 《유클리드 원론》에 기록돼 있을 정도로 역사가 매우 깊다.

숫자 1에 담긴 수학 이야기를 좀 더 소개한다. 우리는 태어나자마자 한 살이 되고, 학교는 1학년부터 시작된다. 이처럼 숫자 1은 시작을 의미한다.

위 그림에서 떠오르는 숫자는 무엇일까? 숫자 1은 일종의 밑거름이다. 무슨 말일까? 1에 1을 차례로 더하면 2, 3, 4, 5, … 등 모든 자연수를 만들 수 있다. 즉, 1을 이용해 자연수라는 큰 집합을 만드는 것이다. 이런 숫자 1의 역할은 19세기 이탈리아의 수학자인 주세페 페아노(Giuseppe Peano, 1858~1932)가 자연수 집합을 정의하기 위해 제시한 페아노 공리계에서 잘 드러난다.

페아노 공리계: 페아노는 아래 다섯 가지 공리[29]로 자연수라는 집합을 정의했다.

(공리1) 1은 자연수이다.

(공리2) n이 자연수이면 그 다음 수인 $n+1$도 자연수이다.

(공리3) 어떤 자연수의 다음 자연수도 1은 될 수 없다.

(공리4) 두 자연수 m과 n이 다르면 다음 자연수인 $m+1$과 $n+1$도 다르다.

(공리5) 어떤 집합 A가 자연수 1을 포함하고, 어떤 자연수와 그다음 자연수도 포함하면 집합 A는 자연수집합을 포함한다.

이게 도대체 무슨 말인가 의아할 수 있다. 하지만 조금만 생각해보면 페아노 공리계가 당연한 사실을 이야기하고 있다는 걸 깨닫게 된다. 우선 1이 자연수라는 공리 1은 매우 익숙하다. 또한 1의 다음 수는 2, 2의 다음 수는 3인 것처럼 어떤 자연수 n 다음에는 자연수 $n+1$이 존재한다. 공리 3에서는 어떤 자연수 n의 다음 수인 $n+1=1$이 되려면 $n=0$이 되어야 하기 때문에, 어떤 자연수의 다음 자연수는 1이 될 수 없다는 걸 이해할 수 있다. 공리 4 역시 서로 다른 두 자연수 3과 4, 그리고 그다음 자연수인 4와 5가 다른 것을 바로 확인할 수 있다. 다섯 번째 공리는 지금까지 살펴본 이전의 4개 공리를 만족하는 여러 집합 중 가장 작은 집합은 자연수 집합이라는

---

[29] 수학에서 공리란, 어떤 이론의 기초로서 증명 없이 받아들이는 명제를 말한다.

의미를 갖고 있다. 페아노 공리계에서 보듯 1은 자연수의 시작점이자, 자연수 집합을 만들어내는 중요한 밑거름이다.

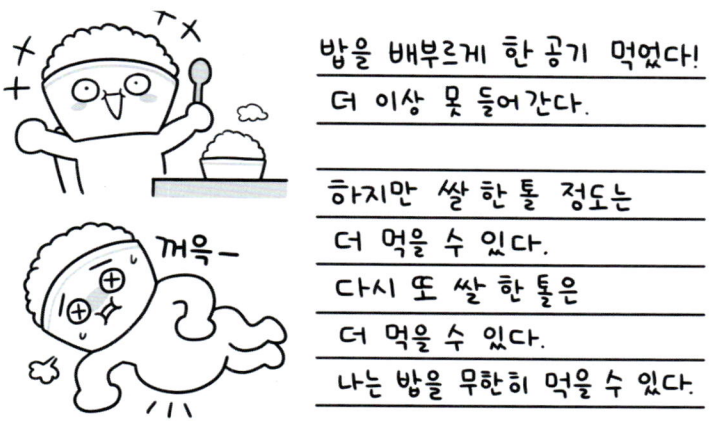

💡 제곱한 값과 값이 같은 유일한 수, 1

단위별로 모두 1로 이루어진 자연수를 제곱하면, 1부터 n의 자리까지 자연수가 순서대로 점점 커졌다가 다시 점점 작아지는 신기한 답이 나온다.

$$1 \times 1 = 1$$
$$11 \times 11 = 121$$
$$111 \times 111 = 12321$$
$$1111 \times 1111 = 1234321$$

마지막 4자리의 자연수 1111을 제곱한 계산 과정을 보면

$$
\begin{array}{r}
1\,1\,1\,1 \\
\times \quad 1\,1\,1\,1 \\
\hline
1\,1\,1\,1 \\
1\,1\,1\,1 \\
1\,1\,1\,1 \\
1\,1\,1\,1 \\
\hline
1\,2\,3\,4\,3\,2\,1
\end{array}
$$

과 같이 나오는데, 위의 계산에서

$$1111^2 = 1111 \times 1111 = 1111 + 11110 + 111100 + 1111000$$
$$= 1234321$$

이 된다. 따라서 일의 자리에서 1, 십의 자리에서 $1+1$, 백의 자리에서 $1+1+1$, … 이런 식으로 1이 차곡차곡 더해진 결과 1234321이란 답이 나오는 것이다. 이 계산 과정에서 1의 성질을 찾을 수 있다. 1은 0을 제외하고 원래의 값($=1$)과 제곱한 값($=1^2$)이 같은 유일한 수다. 이를 방정식으로 나타내면 다음과 같다.

$$x^2 = x$$
$$x(x-1) = 0$$

따라서 $x=0$ 또는 $x=1$이다. 0도 원래의 값과 제곱한 값이 같기 때문에 $0 \times 0 = 0$, $00 \times 00 = 000$, $000 \times 000 = 00000$과

같이 쓸 수는 있다. 하지만 각 자리의 값이 0인 수는 모두 0이므로 의미가 없다.

이런 방법에 따라 9자리의 자연수 111111111을 제곱한 값은 12345678987654321이라는 것을 쉽게 알 수 있다. 하지만 이 계산은 각 자리의 값이 모두 1로 이루어진 9자리의 자연수까지만 적용이 된다. 9자리를 넘게 되면 덧셈의 과정에서 올림이 일어나므로 위의 규칙을 완벽하게 적용할 수 없기 때문이다. 예를 들어, 1로 이루어진 10자리 자연수 1111111111을 제곱하면 덧셈의 과정에서 앞의 자리로 올림이 일어나 답은 1234567900987654321이 된다.

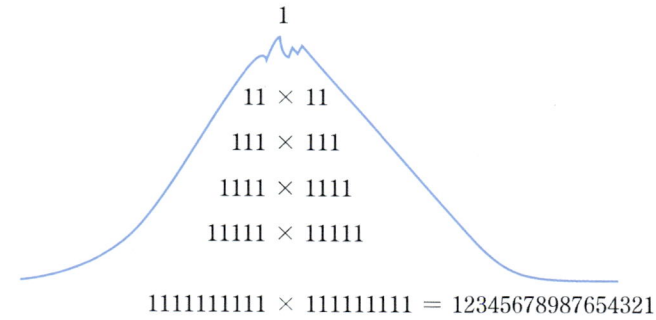

💡 우애수

친화수(amicable number)라고도 불리는 한 쌍의 수를 소개하고자 한다. 다음의 두 수 220과 284는 약수를 통해 매우 친근한 관계를 맺고 있다. 220의 진약수(자신을 제외한 약수)는 1, 2, 4, 5, 10, 11, 20, 22, 44, 55, 110인데, 이것들의 합은 284이다. 또 284의 진약수는 1, 2, 4, 71, 142인데, 이것들의 합은 220이다. 서로 다른 친구를 '또 다른 나'라고 역설한 피타고라스는 이 두 수에서 우정의 표상을 발견했으며, 이런 수들을 '우애수'의 쌍이라고 불렀다. 신비로운 분위기를 풍기는 우애수의 쌍이 적힌 부적을 나눠 가진 사람 사이에는 완전한 우정이 보장된다는 이야기도 생겼다. 이런 부적을 나누어 가진 한 사람이 지구의 반대편에 있더라도 바늘에 찔리는 정도의 가벼운 상처를 입는다면, 다른 사람은 그 사실을 알게 되고 아픔을 함께 느낀다고 생각했다.

우애수의 쌍에 대한 또 다른 예로 1184와 1210, 17296과 18416 등이 있다. 많은 수학자가 새로운 우애수의 쌍을 찾아내려고 시도했고, 우애수의 쌍을 체계적으로 찾아내는 다양한 방법이 고안됐다. 컴퓨터의 발달로 2022년 11월까지 1,227,772,531개 이상의 우애수가 발견되었다. 처음 11개의 쌍은 다음과 같다.

	11개의 우애수 쌍	
1	220	284
2	1184	1210
3	2620	2924
4	5020	5564
5	6232	6368
6	10774	10856
7	12285	14595
8	17296	18416
9	63020	76084
10	66928	66992
11	67095	71145

💡 신비의 수 142857

아르키메데스의 원주율 π의 계산에서 등장하는 어떤 숫자를 떠올려보자. 이 숫자가 '신비의 수'라며 네티즌[30]의 폭발적인 관심을 불러일으켰다. 이 수는 다른 수를 곱하더라도 숫자 배열만 바뀌고, 곱한 결과를 3자리씩 끊어서 더하면 항상 값이 같아지는 특이한 성질이 있다. 왜 이런 특성을 보이는 걸까? 이 수의 비밀을 살펴보자.

142857

이 수에 2나 3, 4, 5, 6을 곱하면 원래 이 수를 구성하는 6개의 숫자가 자리만 바뀔 뿐 그대로 존재한다. 또 나온 결과를 3자리씩 둘로 끊어서 더하면 모두 다 999라는 같은 값이 된다. 실제로 숫자 142857에 1에서 6까지의 숫자를 곱해보자. 그리고 곱한 값을 3자리씩 끊어서 더해보자. 1에서 6까지 곱했을 때 나온 값을 자세히 보면 1, 4, 2, 8, 5, 7이라는 숫자 6개가 자리만 바뀌었을 뿐 그대로 반복된다는 사실을 확인할 수 있다. 하지만 7을 곱하면 $142857 \times 7 = 999999$가 된다.

곱한 값을 3자리씩 끊어서 더한 경우 모두 999가 된다는 것도 볼 수 있다. 더 자세히 살펴보면 흥미로운 점을 하나 더 발

---

[30] 통신망(network)과 시민(citizen)을 결합한 합성어로 우리말로 누리꾼으로 순화하여 부른다.

견할 수 있다. 1과 6을 곱해 3자리씩 끊어 놓은 값을 비교해보자. 앞뒤의 3자리 수가 서로 대칭인 것을 확인할 수 있다. 2와 5, 3과 4를 곱해 3자리씩 끊어 놓은 값을 비교해도 마찬가지다.

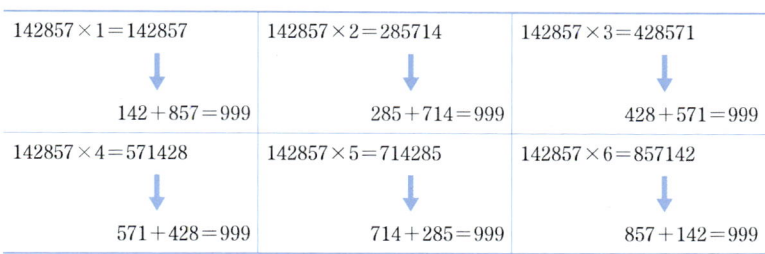

한 가지 더 재미있는 것은 142857에 두 자릿수나 세 자릿수 중 아무 수나 곱했을 때 볼 수 있다. 이렇게 해서 나온 값을 맨 뒤쪽에서부터 3자리씩 끊어서 더해보면 결과가 모두 999가 된다는 걸 확인할 수 있다. 그런데 항상 999가 되는 것은 아니다. 예외적으로 1998이 되는 경우가 있다. 왜 이런 차이가 나타나는 것일까?

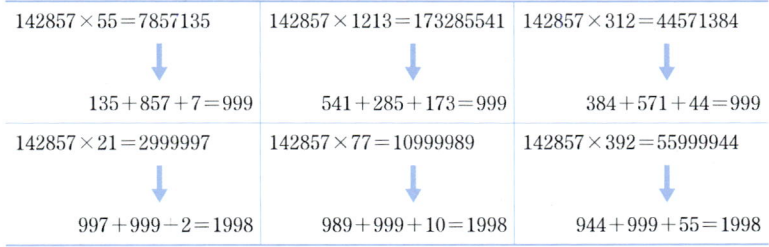

21과 77 그리고 392 모두 7의 배수다. 7의 배수를 곱할 경우에는 999의 2배인 1998이 된다. 하지만 이 값도 999의 배수다. 네 자릿수나 자릿수가 다섯 이상인 수를 곱하면 어떨까? 이때도 999나 999의 배수가 나오는 것을 확인할 수 있다. 흥미롭게도 142857을 2자리씩 끊어서 더하면 $14+28+57=99$가 되고. 또 142857을 제곱하면 '20408122449'라는 수가 나오는데, 이를 뒤에서부터 6자리로 끊어서 더하면 원래의 수가 나온다. 즉 $20408+122449=142857$이다.

142857이 신기한 수임에는 틀림없다. 하지만 이 수가 어떻게 나왔는지를 안다면 지금까지 생각했던 이 수에 대한 느낌이 달라질 수 있다. 142857의 비밀은 분수, 더 정확하게는 순환소수(repeating decimal)에서 찾을 수 있다. 비밀을 알아내기 위해 다양한 분수를 소수로 표현해보자.

(1) 유한소수 : $\frac{1}{2}=0.5$, $\frac{1}{4}=0.25$, $\frac{1}{8}=0.125 \cdots$

(2) 무한소수 : $\frac{1}{3}=0.333\cdots$, $\frac{1}{6}=0.166\cdots$, $\frac{1}{9}=0.111\cdots$

이렇게 분수를 소수로 나타내면 소수점 아랫자리의 수가 끝나지 않고 한없이 계속되는 경우가 있다. 소수 중에서 소수점 아랫자리의 수가 끝이 있는 것을 '유한소수', 한없이 계속되는 것을 '무한소수'라고 한다. 1/3은 소수점 아랫자리에서 3이 반복되고, 1/6은 6이 반복된다. 분수를 소수로 나타낸 무한소수에는 일정한 묶음의 수가 계속 반복된다는 공통점이 있다. 이렇게 반복되는 묶음을 '순환마디'라고 하며, 순환마디가 반복되는 소수를 순환소수라고 한다.

유리수 $\frac{1}{3}$, $\frac{1}{6}$, $\frac{1}{9}$의 순환마디는 한자리이다. 그러나 $\frac{1}{7}$= 0.142857142857⋯은 142857의 6자리 순환마디를 가진다. 이제 2/7, 3/7, 4/7, 5/7, 6/7을 소수로 나타내보자.

$\frac{1}{7}$	0.142857142857⋯
$\frac{2}{7}$	0.285714285714⋯
$\frac{3}{7}$	0.428571428571⋯
$\frac{4}{7}$	0.571428571428⋯
$\frac{5}{7}$	0.714285714285⋯
$\frac{6}{7}$	0.857142857142⋯

142857에 2를 곱했을 때 나온 수는 2/7의 소수점 이하 첫 6자리, 3을 곱했을 때 나온 수는 3/7의 소수점 이하 첫 6자리로 구성된 수다. 놀랍게도 이들은 모두 배열순서만 다를 뿐 142857이 계속 반복된다. 1/7에 10의 거듭제곱을 차례로 곱해보자.

$$\frac{1}{7} \times 10 = 1.42875142857\cdots = 1 + 0.42857142857\cdots$$

$$\frac{1}{7} \times 10^2 = 14.2875142857\cdots = 14 + 0.2857142857\cdots$$

$$\frac{1}{7} \times 10^3 = 142.875142857\cdots = 142 + 0.857142857\cdots$$

$$\frac{1}{7} \times 10^4 = 1428.75142857\cdots = 1428 + 0.57142857\cdots$$

$$\frac{1}{7} \times 10^5 = 14285.7142857\cdots = 14285 + 0.7142857\cdots$$

$$\frac{1}{7} \times 10^6 = 142857.142857\cdots = 142857 + 0.142857\cdots$$

따라서 1을 7로 나누면 나머지가 1이고, 10을 7로 나누면 나머지가 3이며, 100을 7로 나누면 2, 1000을 7로 나누면 6, 10000을 7로 나누면 4, 100000을 7로 나누면 5, 1000000을 7로 나누면 1이라는 나머지가 생긴다는 것을 알 수 있다. 나머지는 1, 3, 2, 6, 4, 5, 1… 순으로 반복되며, 주기는 6이다. 주기가 6이라는 사실에서 6자리 순환마디가 7을 분모로 하는 분수 6개를 모두 표현한다는 것을 알 수 있다. 여기서 소수 부분을 보면 6개의 숫자가 2, 3, 4, 5, 6을 곱했을 때와 같이 자리만 이동하는 것을 확인할 수 있다. 즉 10/7과 3/7의 소수 부분이 같고, 100/7과 2/7, 1000/7과 6/7 등의 소수 부분이 같다. 이처럼 순환마디가 반복되고, 분모보다 작은 수를 곱했을 때 자리만 바뀌는 성질을 파악할 수 있다.

분모가 13일 경우에는 6자리 2종류의 순환마디 076923과 153846을 가진다. 이것은 1, 10, 100, 1000, 10000, 100000, 1000000…의 수를 13으로 나눴을 때 나머지가 1, 10, 9, 12, 3, 4, 1… 순으로 반복되기 때문이다. 즉 주기가 6이므로 6자리의 순환마디 하나로는 13을 분모로 하는 모든 분수를 다 만들 수 없다는 것을 알 수 있다.

	순환 마디 076923		순환 마디 153846
$\frac{1}{13}$	0.076923076923…	$\frac{2}{13}$	0.153846153846…
$\frac{3}{13}$	0.230769230769…	$\frac{5}{13}$	0.384612384615…
$\frac{4}{13}$	0.307692307692…	$\frac{6}{13}$	0.461538461538…
$\frac{9}{13}$	0.692307692307…	$\frac{7}{13}$	0.538461538461…
$\frac{10}{13}$	0.769230769230…	$\frac{8}{13}$	0.615384615384…
$\frac{12}{13}$	0.923076923076…	$\frac{11}{13}$	0.846123846153…

분모가 13인 경우는 두 개의 순환마디를 얻었지만, 일반적으로 어떤 하나의 분모에 대해 '왜 이렇게 여러 개의 순환마디가 생기는 걸까?' '분모에 따라 순환마디의 길이와 수는 어떻게 나타나는 걸까?'라는 의문이 생기겠지만 모든 분수에 대해서 그 규칙성을 찾기는 쉽지 않다.

💡 완전수

고대 그리스 사람들은 숫자 6이 자신을 제외한 약수들의 합(6=1+2+3)으로 표시됨을 알아차리고 이것이야말로 완전한 수의 형태라고 생각했다. 피타고라스학파는 자신을 제외한 양의 약수들의 합으로 표현되는 양의 정수를 '완전수(perfect number)'라고 불렀다. 그들은 알지 못하는 신비로운 믿음으로 인해 어떤 정수가 자신들의 진약수(proper divisor)들의 합으로 표현되는 경우에 관심을 갖게 되었는데, 이것은 부분으로부터 완전한 전체를 만들 수 있을까를 궁금해했던 것과 일맥상통하는 질문으로 보인다. 이러한 성질을 갖는 6 다음의 수는 28인데, 28도 자신을 제외한 약수들의 합 1+2+4+7+14가 된다. 기원전에 이미 아래 4개의 완전수가 발견되었다.

$$P_1 = 6 = 1+2+3$$
$$P_2 = 28 = 1+2+4+7+14$$
$$P_3 = 496 = 1+2+4+8+16+31+62+124+248$$
$$P_4 = 8128 = 1+2+4+8+16+32+64+127+254$$
$$+508+1016+2032+4064$$

　　1950년대가 될 때까지 수학자들은 위의 숫자 4개를 포함하여 단지 12개의 완전수만을 찾아낼 수 있었다. 데카르트가 완전수는 완전한 사람만큼이나 드물다고 할 만큼 완전수는 희귀했다. 완전수는 지난 수 세기 동안 어떠한 응용이나 실제적인 목적을 위해서가 아니라 사람들의 흥미를 위해 연구되었고 그만큼 재미있는 일화가 많다. 철학자들은 완전수를 수학의 대상으로서가 아니라 윤리나 종교적 관점에서 바라보았다. 로마 사람들은 6을 비너스(Venus)와 결부시켰는데, 6은 2와 3의 곱셈으로서 두 성별(2는 여성, 3은 남성)의 결합을 나타낸다고 생각했다. 8세기 영국의 신학자 앨퀸(Alcuin, 735~804)은 노아의 방주를 타고 있었던 8명의 후손인 사람들은 숫자 8이 6보다 덜 완전한 것이기 때문에 불완전하다고 말했다.

　　그러는 동안에 수학자들의 연구는 끊임없이 지속되었다.

니코마코스(Nikomachos, 50~150?)는 알려져 있던 4개의 완전수 p_1, p_2, p_3, p_4들로부터 몇 개의 가설을 주장했다.

(1) n번째 완전수인 P_n은 n자리수이다.

(2) 모든 완전수는 짝수이다.

(3) 짝수인 완전수의 끝자리 수는 6과 8이 교대로 나타난다.

가설 (1)과 (3)에 의하면 5번째 완전수 p_5는 6으로 끝나는 5자리 수이며 6번째 완전수 p_6은 8로 끝나는 6자리 수이어야 한다. 그러나 15세기에 발견된 $P_5 = 33,550,336$와 $P_6 = 8,589,869,056$로 인해 가설 (1)과 (3)의 오류가 드러났다.

▲ 오일러[31]의 초상이 그려진 우표

가설 (2)는 여전히 미해결 상태로 남아있다. 피타고라스 이후 200년가량이 지난 후 유클리드는 짝수인 완전수는 $2^{m-1} \cdot (2m-1)$으로 표현됨을 알아냈다. 다시 약 2000년가량 지나서야 오일러는 짝수인 모든 완전수의 실체를 발견했다.

---

[31] 오일러는 짝수인 완전수의 실체를 증명했다.

모든 짝수인 완전수는 2^{m-1}이 소수인 유클리드 공식

$$2^{m-1} \cdot (2m-1)$$

을 만족한다.

를 증명한 것이다.[32] 예컨대 $m=7$이라고 하면 $2^6(2^7-1) = 8128$로서 이미 알려진 완전수이다. 그런데 $m=4$이면 $2^4-1 = 15$가 소수가 아니므로, $2^3(2^4-1) = 120$은 완전수가 아니다. 물론 m이 합성수라면 2^m-1은 합성수이다. 따라서 2^m-1이 소수가 되기 위해서는 반드시 m은 소수이어야 한다. 더구나 위의 정리는 필요충분조건을 말하고 있으므로, 역도 당연히 성립이 된다. 따라서 2^m-1의 형태로 나타나는 소수를 찾으면 그에 해당하는 짝수 완전수를 찾을 수 있다는 뜻이다. 이때 2^m-1의 형태의 수를 메르센 수라고 하며, 이 수가 소수가 되면 '메르센 소수[33]'라고 한다는 것도 알아두자.

초기의 많은 학자들은 m이 소수이면 2^m-1은 항상 소수가 될 것이라고 믿었다. 그러나 1536년 레지우스(H. Regius)는

$$2^{11}-1 = 2047 = 23 \times 89$$

을 밝힘으로써, m이 소수이더라도 2^m-1이 소수가 아님을

---

[32] 홀수 완전수의 존재 여부는 수학의 유명한 미해결 문제 중 하나이다.
[33] Marin Mersenne(1588~1684) prime

보였다. 그는 또한 $m=13$일 때 $2^{13}-1$이 소수임을 보임으로써 5번째 완전수 $P_5 = 2^{12}(2^{13}-1) = 33{,}550{,}336$를 얻을 수 있었다. 그런데, 더 큰 완전수를 찾는 어려운 점 중 하나는 소수표가 유용하지 못하다는 것이었다. 1603년 카탈디(P. Cataldi)는 5150보다 작은 소수들의 표를 만들어서 $2^{17}-1$이 소수임을 알아냈고 이렇게 만들어진 것이 6번째 완전수 $P_6 = 2^{16}(2^{17}-1) = 8{,}589{,}869{,}056$이다. 1811년에 바로우(P. Barlow)는 오일러가 1772년에 발견한 19자리의 수인 여덟 번째 완전수 $P_8 = 2^{30}(2^{31}-1)$에 대해서 다음과 같이 평가했다.

> '이 수는 발견될 완전수 중에서 가장 큰 완전수이다.
> 왜냐하면 완전수는 단순한 호기심에서 찾은 것일 뿐,
> 어떤 유용성도 없기 때문에 이것보다 더 큰 완전수를 찾
> 으려고 노력하는 사람은 아무도 없을 것이기 때문이다.'

완전수의 가치는 호기심을 채우는 것뿐이라는 말은 어느 정도 맞기는 하지만, 이는 사람들이 갖는 호기심의 매력을 완전히 과소평가한 말이다. 사람들은 호기심과 흥미를 위해서도 많은 일을 하곤 한다. 실제로 1876년에 루카스는 새로운 완전수를 발견했으며, 완전수의 추적은 새로운 수학의 이론으로 발전하고 진화하면서 여러 흥미로운 성질들이 밝혀졌다.

예를 들어 모든 (짝수인) 완전수는 삼각수[34]이다. 이것은

삼각형을 형성하도록 배열된 공의 개수로 이 수를 표현할 수 있음을 의미한다. 또한, 만약 6 이외의 다른 완전수를 취해서 각 자리의 수를 더하면, 그 결과는 9의 배수보다 1만큼 큰 수가 된다. 그뿐만 아니라 모든 완전수는 연속적인 홀수의 세제곱의 합이 된다. 실제로 $28 = 1^3 + 3^3$, $496 = 1^3 + 3^3 + 5^3 + 7^3$ 이다.

6

알려진 완전수는 모두 삼각수이다.

1963년 미국 일리노이 대학에서는 23번째 메르센 소수를 발견했는데 이를 기념하기 위하여 '$2^{11213} - 1$은 소수이다'라고 새긴 우편 스탬프를 찍기도 했다.

---

34 triangular number: 1부터 시작하는 연속된 자연수들의 합을 나타내는 수. 정삼각형 모양으로 배열할 수 있다.

2013년 1월 25일에는 커티스 쿠퍼 교수에 의해 48번째 소수 $2^{57885161}-1$가 발견되었다. 지금까지 발견된 소수 중 가장 큰 소수이다.

바로우의 〈완전수의 무용론〉에도 불구하고, 사람들은 '호기심'을 끄는 수를 찾기 위해 많은 노력을 했으며, 그러한 계산은 컴퓨터 능력을 측정하는 기준으로서의 지위를 획득했다.

읽을거리

(1) 소설에 등장한 142857

142857이 화제가 된 것은 프랑스 소설가 베르나르 베르베르(Bernard Werber)의 소설 《신, Nous les dieux》에서 이 수가 소개돼 사람들에게 알려지면서다. 소설 《신》에서 주인공 미카엘 팽송이 사는 빌라 주소가 142857호이고, 이외에도 숫자 142857이 보여주는 다양한 성질이 소개돼 있다. 그러나 142857은 수학자에게는 오래전부터 알려진 수다. 도서관이나 서점에서 숫자와 관련된 수학책을 읽다 보면 어렵지 않게 이 숫자를 발견할 수 있다. 베르베르가 잘 알려져 있던 수를 소설에 넣어 유용하게 활용한 셈이다. 《상대적이며 절대적인 지식의 백과사전》 7장에도 등장한다.

읽을거리

(2) 0.9999999⋯ = 1?

$\frac{1}{3} \times 3 = 1$이지만 $0.3333333\cdots \times 3 = 0.9999999\cdots$이다. 그렇다면 $0.9999999\cdots = 1$이라는 것일까? 실제로 그렇다. $0.9999999\cdots = a$라 하자. 식의 양쪽에 10을 곱하면 $9.999999\cdots = 10a$이다. 두 식을 빼면

$$
\begin{aligned}
9.99999\cdots &= 10a \\
0.99999\cdots &= a \\
\hline
9 &= 9a
\end{aligned}
$$

가 되어 $0.9999999\cdots = a = 1$이 성립한다.

(3) 완전수 6에 대한 믿음

P_1 : 신이 모든 사물을 6일 만에 창조하셨기 때문이 아니라 오히려 6이 완전수이므로 신도 6일 만에 천지를 창조하셨다.

P_2 : 달이 지구를 한 바퀴 도는 데 28일이 걸린다.

(4) 아인슈타인 방정식

Love = 2 ▭ + 2 ◁ + 2∨ + 8<

해석

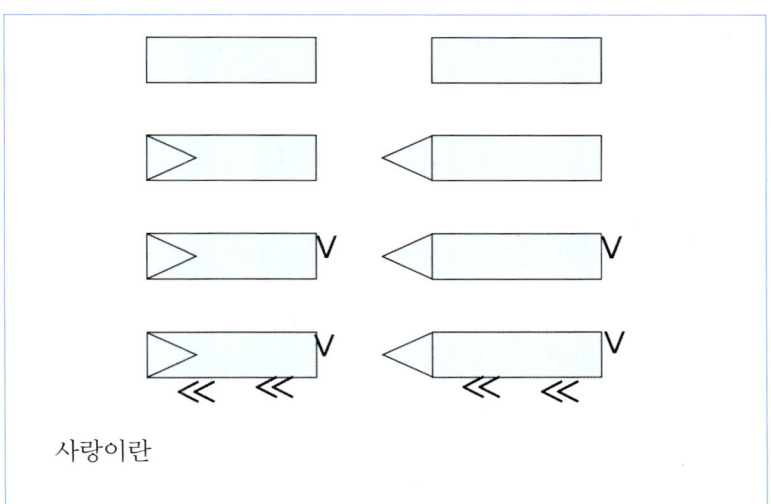

사랑이란

"가지 않으면 안 될 길은 마지못해 가면서 아쉬워 뒤돌아
보는 마음과 갈 길이 아닌데도
따라가지 않을 수 없는 안타까운 심정이다."

읽을거리

(5) 아인슈타인 방정식의 응용

인생이란 절반 정도 즐겁고 절반 정도 슬프게 생각되는 것이다.

〈증명〉

식 ① 인생 + 사랑 = 즐거움

식 ② 인생 − 사랑 = 슬픔

식 ① + 식 ② 하면 2인생 = 즐거움 + 슬픔이다.

따라서 양변을 2로 나누면

인생 = $\frac{1}{2}$즐거움 + $\frac{1}{2}$슬픔이다.

QED.

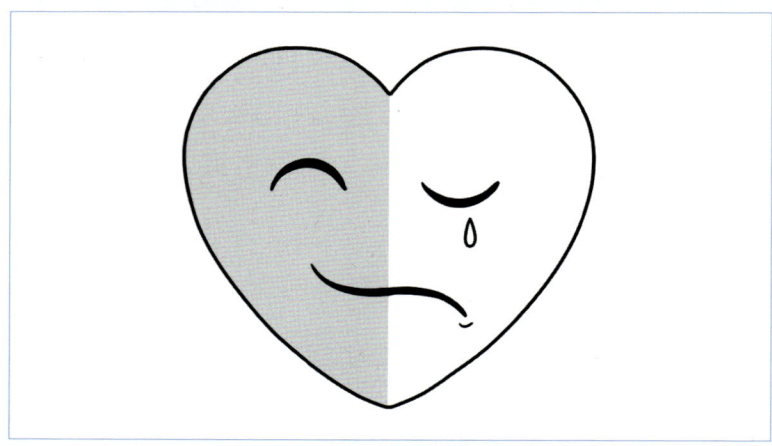

CHAPTER

02

생각을
수학하자

01 넌 SNS 외톨이가 아니었어!
02 바닥을 예쁘게 할 수 있나?
03 지름길과 가장 빠른 길, 같은 거 아냐?

01
넌 SNS[1] 외톨이가 아니었어!

💡 한붓그리기

어떤 지역에서 다른 지역으로 이동하는 가장 효과적인 방법은 무엇이 있을까? 캠핑카를 타고 많은 지역을 두루두루 잘 여행해보고 싶다면 어떻게 이동할까? 이제 그 방법을 찾아보자.

▲ 오일러

---

1 "Social Network Services", 영미권에서는 "Social Media"라고 쓴다.

1736년 스위스 수학자 오일러(Leonhard Euler, 1707~1783)는 유명한 철학자 칸트의 고향인 '쾨니히스베르크[2]'라는 도시의 7개의 다리가 놓여있는 프레겔강에서 '같은 다리를 두 번 이상 건너지 않고 모든 다리를 산책하는 방법'을 찾으려고 노력했다. 그는 이 문제를 아래 그림과 같이 연결된 그래프에서 한 점을 출발하여 그래프의 모든 선을 한 번만 지나서 제자리로 돌아오는 문제로 바꾸었다. 이 뛰어난 발상이 수학의 새로운 영역을 개척하게 되었다.

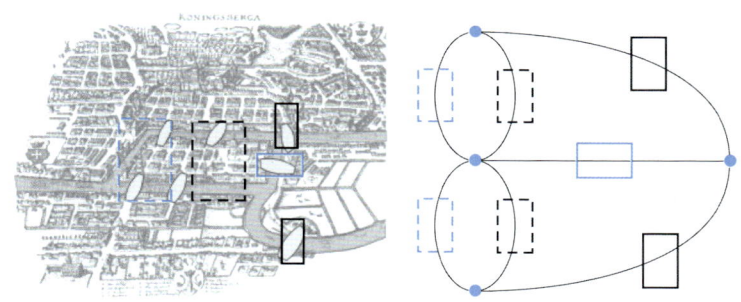

▲ 쾨니히스베르크 문제에 대한 그래프

오일러의 결론은 '그런 방법은 없다'였다. 그 이유는

연필을 떼지 않고
모든 선을 한 번씩만 지나면서 이 그림을 그릴 수 있는가?

---

[2] 18세기 프러시아의 도시 이름, 현재는 러시아의 칼리닌그라드

하는 문제와 같은 오류가 있었고, 그래프에서는 홀수점 — 각 점은 지역을 말한다. — 이 4개 있어서 '한붓그리기'가 불가능하기 때문이다.

한붓그리기 그래프(Graph)에 대하여 알아보도록 하자. 그래프는 다음과 같은 성질을 갖고 있다.

1. 그래프 $G(V,E)$는 꼭짓점(Vertex)과 모서리(Edge)로 구성되어 있다.
2. 서로 다른 두 개의 꼭짓점을 잇는 선을 모서리라 한다. 이때 두 꼭짓점을 잇는 모서리는 하나가 아닐 수도 있다. 이 모서리를 다중 모서리(multiple edges)라고 한다. 하나의 꼭짓점에 연결된 모서리를 고리(loop)라고 한다. 어떤 그래프가 고리가 없고, 다중 모서리가 없는 경우 단순 그래프(simple graph)라고 한다.
3. 꼭짓점의 개수를 그 그래프의 위수[3](Order)라 한다.
4. 꼭짓점 v와 만나는 모서리의 수를 그 꼭짓점의 차수(degree)라 하고 $\deg v$로 쓴다.

아래 그래프에서

$$\deg v = 3,\ \deg u = 3,\ \deg w = 3,\ \deg z = 1$$

이다.

---

[3] "쾨니히스베르크의 다리"에 대한 그래프는 위수가 4이고 모서리가 7개인 그래프이다.

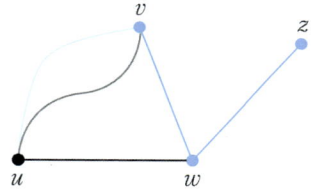

꼭짓점의 차수가 홀수인 점을 홀수점이라 하고, 차수가 짝수인 꼭짓점을 짝수점이라 한다.

한붓그리기란 그래프에서 모든 모서리를 한 번만 지나면서 모든 꼭짓점을 다 지나가도록 하는 방법을 말한다. 간단하게 연필을 떼지 않고 주어진 그래프를 그릴 수 있는가 하는 문제라고 볼 수 있다. 주어진 도형이 한붓그리기가 가능한 경우는 다음과 같다.

"어떤 그래프 G가 한붓그리기가 가능할 필요충분조건은 그래프 G의 꼭짓점의 차수가 모두 짝수이거나 또는 홀수 차수를 갖는 G의 꼭짓점이 단 2개일 경우이다."

따라서 쾨니히스베르크의 다리 문제에서 같은 다리를 두 번 이상 건너지 않고 모든 다리를 산책하는 방법은 없다는 것을 알 수 있다.[4]

특히

(1) 시작점과 도착점이 같은 한붓그리기는 모든 꼭짓점의

---

4 한붓그리기가 불가능하다.

차수가 짝수인 경우

(2) 시작점과 도착점이 다른 한붓그리기는 홀수 차수인 꼭
   짓점이 2개인 경우

가 성립한다.

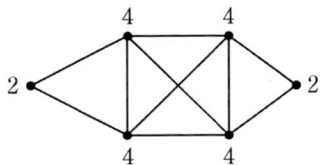

▲ 모든 꼭짓점의 차수가 짝수인 그래프[5]

위 그림은 한붓그리기가 가능하며 실제로 그 경로는 다음과 같은 과정을 통해 찾을 수 있다. 각 점을 알파벳으로 나타내보자. 점 A에서 출발하여 한붓그리기 후 다시 점 A로 돌아오는 과정을 찾아보도록 하자.

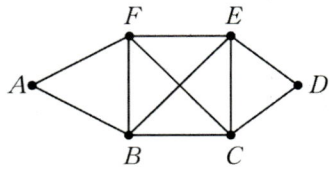

과정 1: 점 A를 출발하여 다시 A로 돌아오는 가장 간단한
     회로(circuit)를 찾는다. 이 회로는 ABFA이다.

---

5 주어진 숫자는 각 꼭짓점의 차수이다.

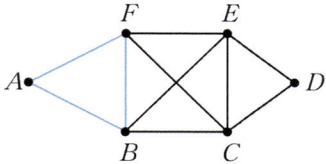

과정 2: 앞에서 정한 회로를 지우고, 점 B를 출발하여 다시 B로 돌아오는 회로를 찾는다.

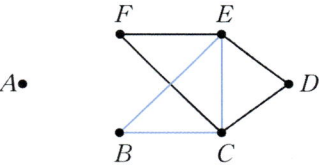

이 회로는 BCEB이다. 처음 정해진 회로 ABFA의 B 대신에 이 회로를 넣어준다. 이제 회로 ABCEBFA를 얻는다.

과정3 : 마찬가지로 앞에서 정한 회로를 지우고, 점 C를 출발하여 다시 C로 돌아오는 회로를 찾는다.

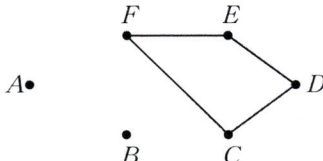

이 회로는 CFEDC이다. 앞에서 정해진 ABCEBFA 회로의 C 대신에 이 회로를 넣어준다. 이제 한붓그리기 회로 ABCFEDCEBFA를 얻는다[6].

이 방법을 '회로 지우기'라 하자. 여행을 계획할 때 회로 지우기를 활용하면 좀더 쾌적한 여행길을 설계할 수 있을 것이다.

💡 트리로 길 찾기

위수 n인 연결 그래프 G의 모서리가 $n-1$개이면 이 그래프를 트리[7]라 한다. 아래 그림은 하나의 그래프에서 얻은 3개의 트리를 나타내고 있다.

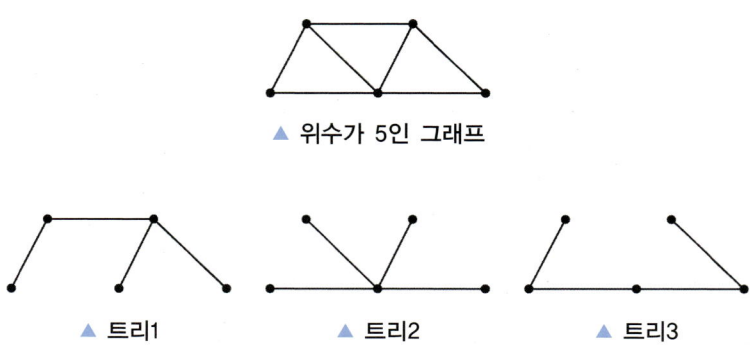

▲ 위수가 5인 그래프

▲ 트리1　　▲ 트리2　　▲ 트리3

---

6 이 외에 또 다른 경우도 존재한다.
7 'tree 수형도'라고 부르기도 합니다.

트리는 지휘계통, 대진표의 작성, 가계도, 주소, 파일의 저장 장소, SNS 팔로워 관리 등등 다양한 곳에서 사용되고 있다. 다음 그림은 어느 회사의 지휘체계를 나타낸 것이다. 누가 봐도 한 번에 알아보기 쉽다는 장점을 갖고 있다.

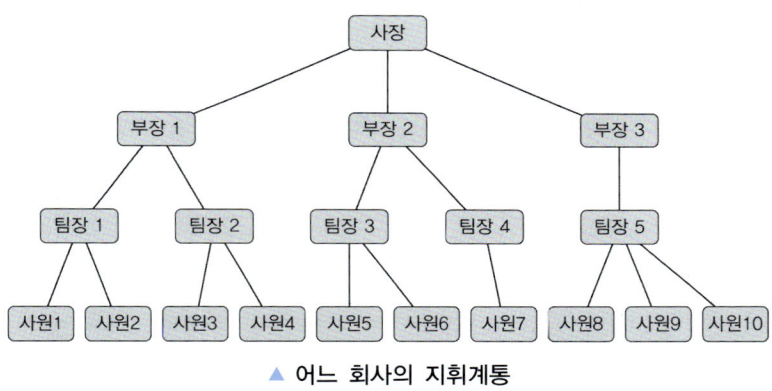

▲ 어느 회사의 지휘계통

트리의 표현 방법은 여러 가지가 있지만 부모노드(node)와 자식노드(node)로 구성되어 있는 트리를 이진 트리(binary tree)라 한다. 이진 트리를 표현하는 방법은 다음의 두 가지를 들 수 있다.

(1) 깊이 우선 탐색(Depth-First Search, DFS)

출발 노드에서 연결된 노드 중 아무것이나 하나를 선택한다. 더 이상 선택할 노드가 없는 경우 다시 되돌아온다.

(2) 너비 우선 탐색(Breadth-First Search, BFS)

출발 노드에서 최대한 넓게 옆으로 이동한 후, 더 이상 선택할 노드가 없는 경우 아래로 이동한다.

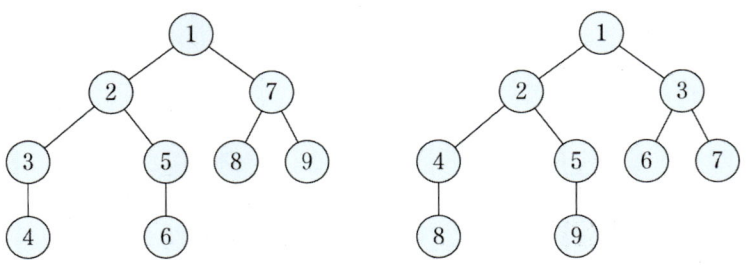

▼ DFS와 BFS

선택 종류	장단점
DFS	1. 저장 공간이 적게 든다. 2. BFS보다 간단한다. 3. 검색 속도가 느리다.
BFS	1. 가까운 점을 먼저 방문하고, 멀리 떨어진 점을 나중에 방문할 때 사용 2. 두 노드 사이의 최단 경로를 택할 때 사용 3. DFS보다 검색 속도가 빠름

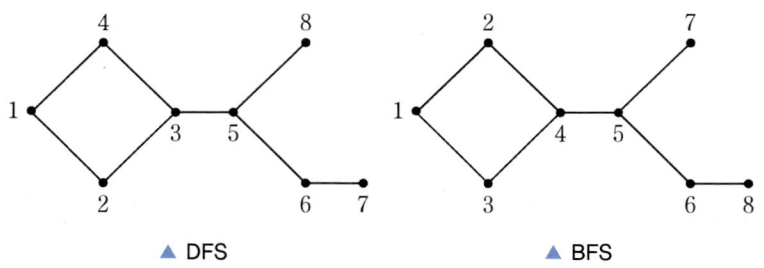

▲ DFS   ▲ BFS

트리는 지도에서 강줄기나 지류를 나타낼 때 쓰이며, 유전학자들은 세대 간의 차이를 나타내기도 한다. 화학에서는 분자 간의 원자 배치, 토너먼트 방식으로 운영되는 경기 등에서 쓰이고 있다. 트리가 활용되는 사례는 다음과 같다.

(1) 화학의 분자구조

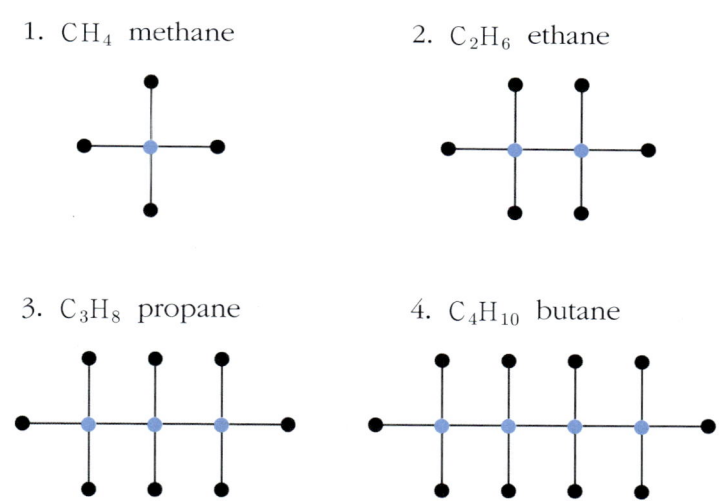

1. CH_4 methane
2. C_2H_6 ethane
3. C_3H_8 propane
4. C_4H_{10} butane

개개의 점을 원자라 가정하고 선을 원자들 사이의 결합에 대응시키면 트리는 분자구조를 이루게 되는데, 여기서 중요한 것은 원자의 개수가 아니라 원자의 배열 상태(위상적 수학의 특성)이다. 같은 종류의 원자 여러 개를 다르게 배열하면 이성질체(isomer)가 얻어진다.

아밀알코올(Amyl alcohol $C_5H_{11}OH$, $C_5H_{12}O$)의 경우 1870년대까지 두 가지만 알려져 있던 중, 수학자 아서 케일리가 나머지 6개를 모두 밝혀냈다.

▼ 아밀알코올 이성체

Common name	Structure	Type	IUPAC name
1-pentanol or normal amyl alcohol		primary	Pentan-1-ol
2-methyl-1-butanol or active amyl alcohol		primary	2-Methylbutan-1-ol
3-methyl-1-butanol or isoamyl alcohol or isopentyl alcohol		primary	3-Methylbutan-1-ol
2,2-dimethyl-1-propanol or neopentyl alcohol		primary	2,2-Dimethylpropan-1
2-pentanol or sec-amyl alcohol or methyl (n) propyl carbinol		secondary	Pentan-2-ol
3-methyl-2-butanol or sec-isoamyl alcohol or methyl isopropyl carbinol		secondary	3-Methylbutan-2-ol

Common name	Structure	Type	IUPAC name
3-Pentanol		secondary	Pentan-3-ol
2-methyl-2-butanol or tert-amyl alcohol		tertiary	2-Methylbutan-2-ol

(2) 조선 왕조의 가계도의 일부

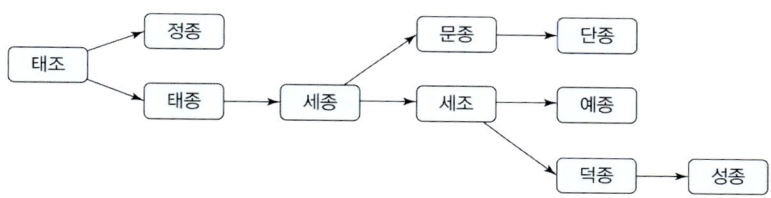

　우리 가족의 가계도는 어떻게 구성되어 있을까? 보통 30년을 1세대로 계산하기 때문에 10세대 전인 300년 전의 나의 직계조상은 $2^{10} = 1024$명이 있어야 한다. 조선의 개국이 1393년이니까 지금으로부터 629년 전이다. 약 21세대 전이므로 조선 건국 때 나의 조상은 $2^{21} = 2,097,152$명이다. 이런 계산으로 하자면 300만 년 전 인류가 출현했을 때 이미 지구상에는 사람들로 발 디딜 틈이 없어야 한다. 이건 단순한 계산일 뿐이다. 위 공식이 성립하려면 어떤 부부가 5명의 아이를 낳고 그 다섯 명의 아이가 다시 5명의 아이를 낳는다면 그 부부는 25개의 계통수 위에 조부모로 나타나야만 한다. 이런 일이 없어야만 앞의 어지러운 계산이 맞을 것이다.

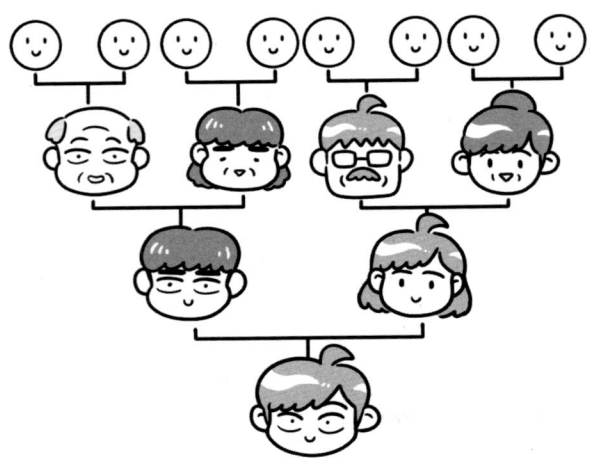

(3) 지하철 노선도

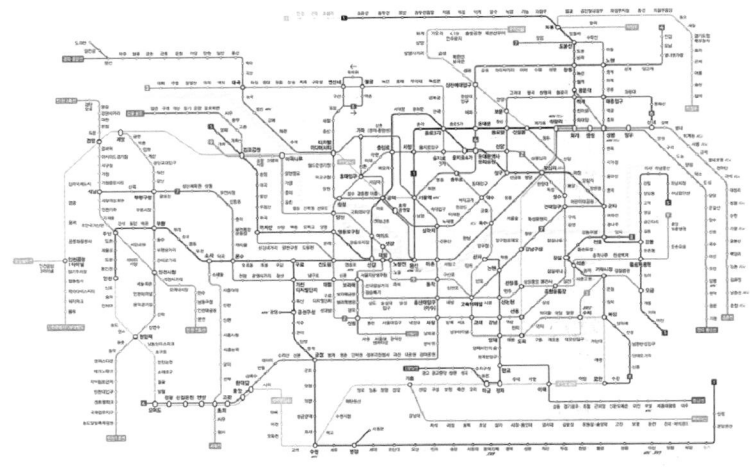

지하철 노선도에서 트리 구조를 띠고 있는 노선을 찾아보자. 2호선은 트리라 할 수 없다.

💡 수열 만들기

번호가 있는 트리와 수열(Laveled tree and Prufer sequence)

n개의 번호가 있는 트리에서 수열 $(a_1, a_2, \cdots, a_{n-2})$ 만들기

1단계 : 차수가 1인 꼭짓점 중에서 가장 작은 번호를 선택한다.

2단계 : 1단계에서 선택한 점에서 이웃한 꼭짓점의 번호를 이 수열의 첫 번째 성분으로 한다.

3단계 : 1단계에서 선택한 점과 연결된 모서리를 모두 제거한다.

아래 그림과 같이 번호가 있는 트리에서 시작하자.

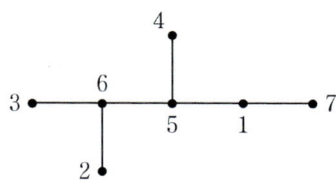

1단계: 차수가 1인 꼭짓점은 2, 3, 4, 7이다. 여기에서 가장 작은 번호인 2를 선택한다.

2단계: 번호 2에 이웃한 꼭짓점의 번호는 6이다. 이 번호가 만들려는 수열의 첫 번째 성분 a_1이다.

3단계: 2번 꼭짓점과 연결된 모서리를 지우면 아래 그림과 같은 구조가 된다.

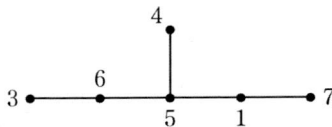

여기에서 다시 위의 단계를 반복해서 시행해보자.
1단계: 차수가 1인 꼭짓점은 3, 4, 7이다. 여기에서 가장 작은 번호인 3을 선택한다.
2단계: 번호 3에 이웃한 꼭짓점의 번호는 6이다. 이 번호가 만들려는 수열의 두 번째 성분 a_2이다.
3단계: 3번 꼭짓점과 연결된 모서리를 지우면 아래 그림과 같은 구조가 된다.

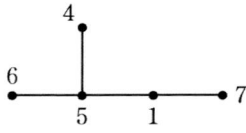

다시 한 번 위의 단계를 시행하자.
1단계: 차수가 1인 꼭짓점은 4, 6, 7이다. 여기에서 가장 작은 번호인 4를 선택한다.
2단계: 번호 4에 이웃한 꼭짓점의 번호는 5이다. 이 번호가 만들려는 수열의 세 번째 성분 a_3이다.

3단계: 4번 꼭짓점과 연결된 모서리를 지우면 아래 그림과
       같은 구조가 된다.

다시 한 번 위의 단계를 시행하자.

1단계: 차수가 1인 꼭짓점은 6, 7이다. 여기에서 가장 작은
       번호인 6을 선택한다.
2단계: 번호 6에 이웃한 꼭짓점의 번호는 5이다. 이 번호가
       만들려는 수열의 네 번째 성분 a_4이다.
3단계: 6번 꼭짓점과 연결된 모서리를 지우면 아래 그림과
       같은 구조가 된다.

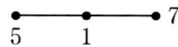

다시 한 번 위의 단계를 시행하자.

1단계: 차수가 1인 꼭짓점은 5, 7이다. 여기에서 가장 작은
       번호인 5를 선택한다.
2단계: 번호 5에 이웃한 꼭짓점의 번호는 1이다. 이 번호가
       만들려는 수열의 다섯 번째 성분 a_5이다.
3단계: 5번 꼭짓점과 연결된 모서리를 지우면 아래 그림과
       같은 구조가 된다.

$$\underset{1}{\bullet}\longrightarrow\underset{}{\bullet}\,7$$

　두 수 1과 7 중에서 작은 수 1을 수열의 마지막 성분으로 하면 수열 (6, 6, 5, 5, 1)을 얻는다. 이것으로부터 트리의 구조를 간단한 수열로 나타내보았다.

　위 연산의 역은 어떻게 이루어질까? 즉 주어진 수열로부터 트리의 구조를 얻어내는 과정을 알아보자.

　1단계: 수열의 성분이 n개라면 $n+2$ 개의 꼭짓점을 준비한다. 여기에 번호 $(1, 2, 3, \cdots, n+2)$를 부여한다.

　2단계: 주어진 수열에 포함되어 있지 않은 가장 작은 번호를 선택하고 주어진 수열의 첫 번째 성분인 a_1과 연결하여 모서리를 만든다.

　3단계: 처음 주어진 수열에서 2단계로부터 얻은 수를 제거하여 새로운 수열과 번호를 만든다.

　위의 단계를 통해 수열 (6, 6, 5, 5, 1)에서 얻어지는 트리를 구해보자.

　1단계: 수열의 성분이 5개이므로 꼭짓점 7개를 준비하고 번호 (1, 2, 3, 4, 5, 6, 7)를 부여한다.

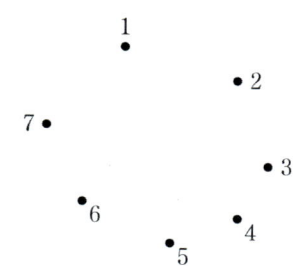

2단계: 수열에 포함되어 있지 않은 번호는 2, 3, 4, 7이고 이 중에서 가장 작은 번호 2를 선택한다. 이 번호 2와 수열의 첫 번째 성분인 6을 연결한다.

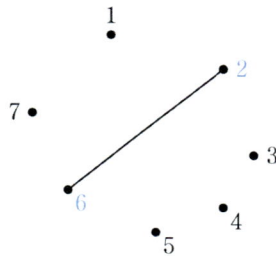

3단계: 처음 주어진 수열에서 2단계 때 사용한 두 수를 제거하여 새로운 수열을 만든다.

(6, 5, 5, 1)

이때 2를 제거한 새로운 번호 (1, 3, 4, 5, 6, 7)를 부여한다.

이제 앞의 2단계와 3단계를 반복해서 시행한다.

2단계: 수열에 포함되어 있지 않은 번호는 3, 4, 7이고 이 중에서 가장 작은 번호 3를 선택한다. 이 번호 3과 수열의 두 번째 성분인 6을 연결한다.

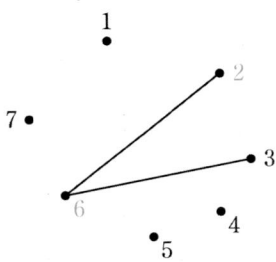

3단계 : 이제 두 수 3과 6을 제거하고 새로운 수열 (5, 5, 1)을 만든다. 또한 3을 제거한 새로운 번호 (1, 4, 5, 6, 7)를 부여한다.

다시 한번 이 시행을 반복한다.
2단계: 수열에 포함되어 있지 않은 번호는 4, 7이고 이 중에서 가장 작은 번호 4를 선택한다. 이 번호 4와 수열의 세 번째 성분인 5를 연결한다.

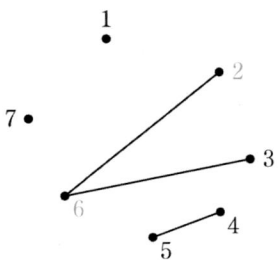

3단계: 이제 두 수 4와 5을 제거하고 새로운 수열 (5, 1)을 만든다. 또한 4을 제거한 새로운 번호 (1, 5, 6, 7)를 부여한다.

다시 한번 이 시행을 반복한다.

2단계: 수열에 포함되어 있지 않은 번호는 6, 7이고 이 중에서 가장 작은 번호 6를 선택한다. 이 번호 6과 수열의 네 번째 성분인 5를 연결한다.

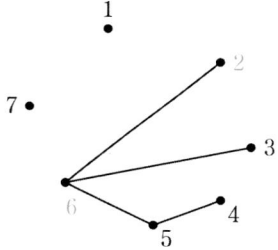

3단계: 이제 두수 5와 6을 제거하고 새로운 수열 (1)을 만든다. 또한 6을 제거한 새로운 번호 (1, 5, 7)를 부여한다.

다시 한번 이 시행을 반복한다.

2단계: 수열에 포함되어 있지 않은 번호는 5, 7이고 이 중에서 가장 작은 번호 5를 선택한다. 이 번호 6과 수열의 다섯 번째 성분인 1을 연결한다.

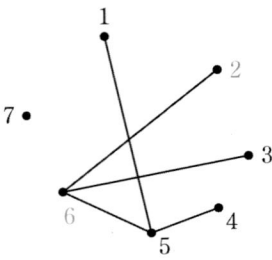

3단계 : 이제 두 수 1과 5를 제거하면 새로운 수열은 없어지고 5을 제거한 새로운 번호 (1, 7)를 부여한다. 마지막으로 남은 두 수 1과 7을 연결하면 트리를 얻을 수 있다.

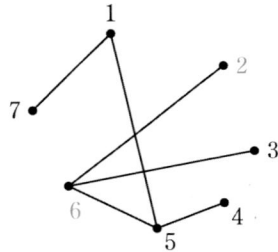

마지막 그림은

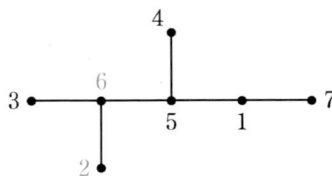

구조와 위상적 동형(isomorphic)하다. 따라서 주어진 수열로부터 트리의 구조를 얻을 수 있다.

예를 들어 서울자전거 따릉이를 사용한다고 해보자. 따릉이는 사용자가 이동한 후에 다른 자리에 놓이게 된다. 운영업체는 따릉이 설치 장소마다 정해진 따릉이의 대수를 맞추기 위해 설치 장소를 순회하게 되는데, 이때 번호가 있는 트리와 수열을 활용하면 일일이 다녀보지 않아도 효과적으로 따릉이의 배치 및 이동이 가능하게 된다.

💡 사다리 타기로 알아보는 함수

사다리 타기의 원리는 함수의 일대일 대응[8]이다. 즉, 두 집합의 원소 사이에서 어느 원소도 빠지거나 남음이 없이 짝을 짓는 관계를 말한다. 사다리 타기의 원리를 간단하게 알아보기 위해서 가로줄과 세로선에서 시작해보자.

사다리 타기에서 세로선이 2개인 경우 가로줄이 하나 추가된다면 결과의 위치가 바뀌게 된다.

---

8 one-one correspondence

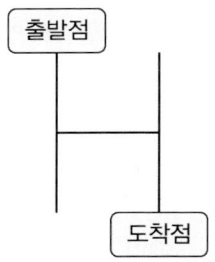

가로줄이 늘어나는 경우는 어떨까?

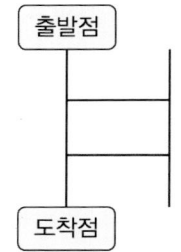

가로줄이 2개라면 출발점과 도착점은 그대로 왼쪽이다.

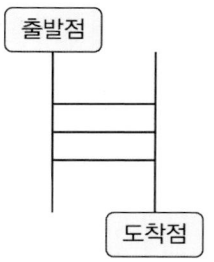

가로줄이 3개라면 출발점이 왼쪽이고 도착점은 오른쪽이다.

세로선이 늘어나더라도, 즉 사다리 타기에 참여하는 사람이 많아지더라도 출발점이 두 개의 도착점을 가지는 일은 일어나지 않는다.

사다리 타기를 다음 그림과 같이 직선이 아닌 곡선으로 만들면 첫 번째 교차점에서 어디로 가야 할지 의견이 다를 수 있다. 출발지점과 도착지점이 일대일 대응하지 않기 때문이다. 곡선으로 사다리 타기를 진행한다면 먼저 규정을 잘 정해야 할 것이다.

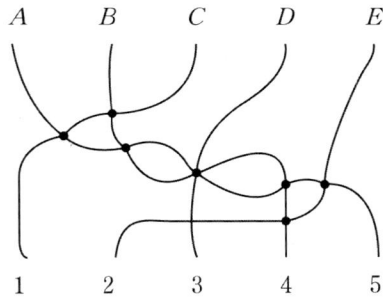

일반적인 사다리 타기에서 세로선을 아래로 내려왔을 때 중간에 가로줄과 만나는 것은 우연한 경우이다. 확률적으로 당첨이 가장 유력한 자리는 세로선을 따라 바로 위쪽에 있는 지점이고 이 세로선에서 멀어질수록 당첨과는 거리가 멀어지게 된다.

옛날 사람들은 사다리 타기와 같은 원리인 거미줄 타기를 했었다고 한다. 옛날이 더 흥미진진한 게임이 이루어졌을 듯하다.

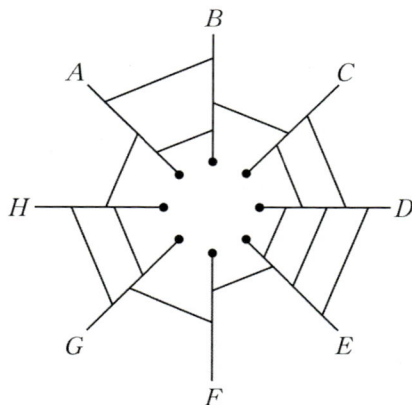

읽을거리

(1) 오일러 표수

오일러 표수란 꼭짓점의 수 v와 모서리의 수 e, 면의 수 f 사이의 위상적 관계를 바탕으로 하여 여러 가지 기하 도형의 특징을 나타내는 수 χ를 말한다.

$$\chi = v - e + f \text{[9]}$$

① 오일러 표수가 1인 도형들. 이들은 평면 도형이다.

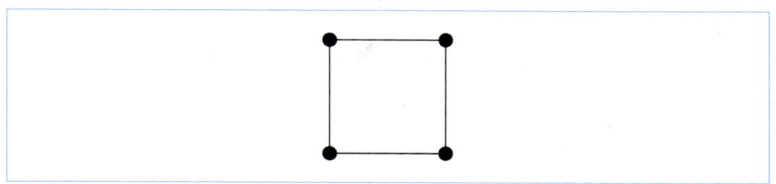

$v=4,\ e=4,\ f=1$이므로 $\chi = v - e + f = 4 - 4 + 1 = 1$

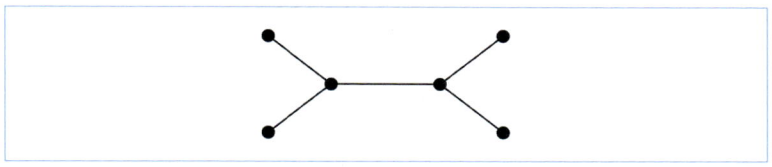

$v=6,\ e=5,\ f=0$이므로 $\chi = v - e + f = 6 - 5 + 0 = 1$

---

[9] 오일러 공식(Euler's Formula)이라고도 한다.

읽을거리

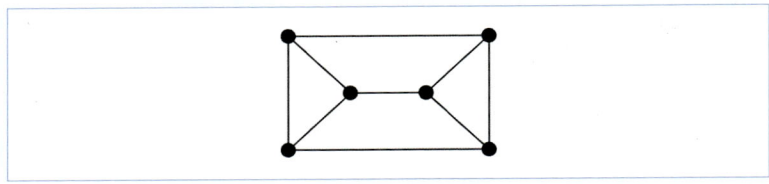

$v=6, \ e=9 \ f=4$이므로 $\chi = v-e+f = 6-9+4 = 1$

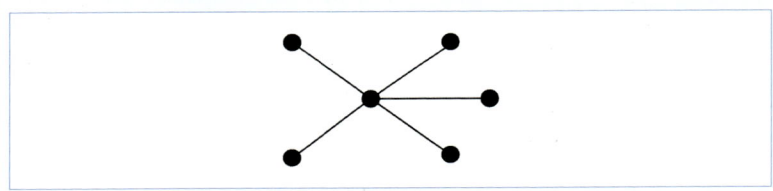

$v=6, \ e=5, \ f=0$이므로 $\chi = v-e+f = 6-5+0 = 1$

② 오일러 표수가 2인 도형들. 이들은 3차원 입체 도형이다.

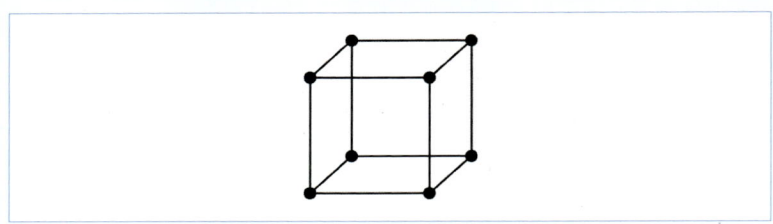

$v=8, \ e=12, \ f=6$이므로 $\chi = v-e+f = 8-12+6 = 2$

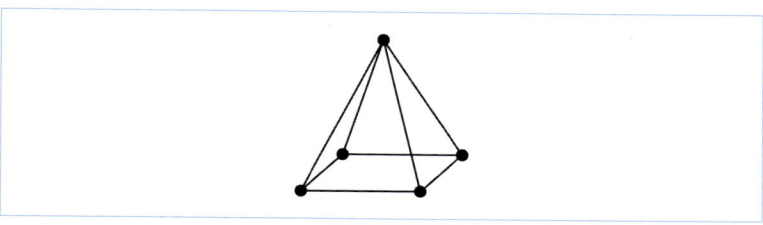

$v=5,\ e=8,\ f=5$ 이므로 $\chi=v-e+f=5-8+5=2$

③ 플라톤의 입체의 오일러 표수는 모두 2

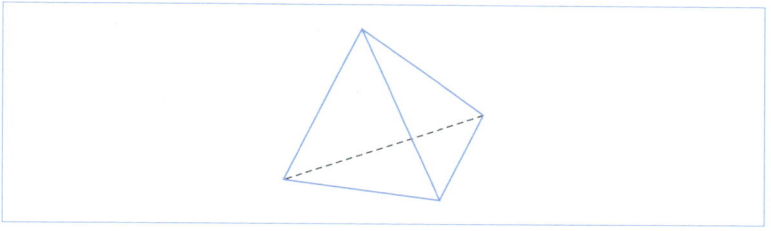

정사면체(Tetrahedron. fire 불) 4, 6, 4 내각의 합 720°

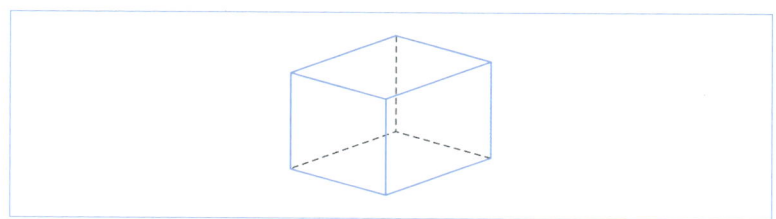

정육면체(Hexahedron, earth 흙) 8, 12, 6 내각의 합 2160°

읽을거리

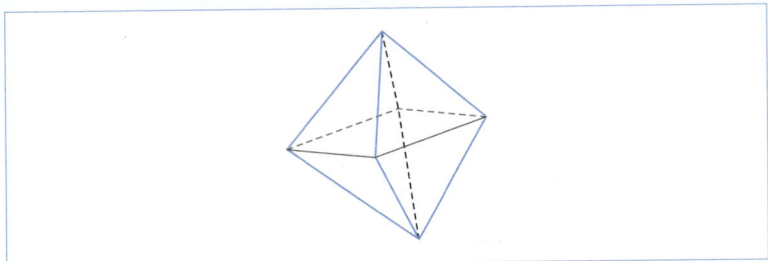

정팔면체(Octahedron, air 공기) 6, 12, 8 내각의 합 1440°

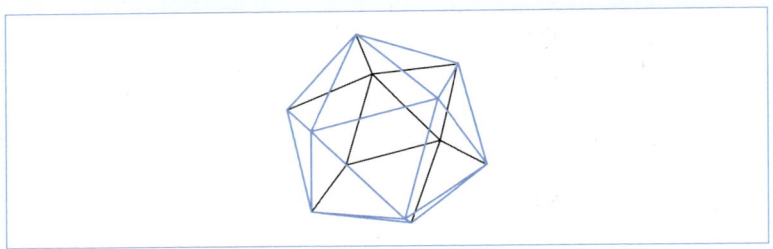

정이십면체(Icosahedron, water 물) 12, 30, 20 내각의 합 3600°

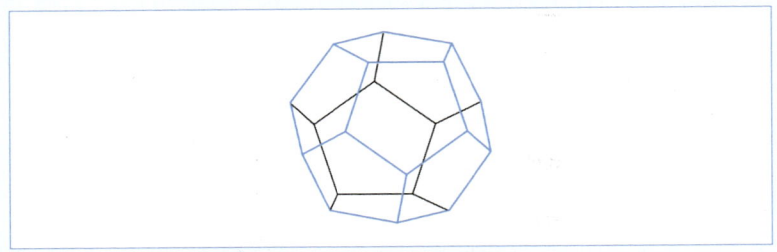

정십이면체(Dodecahedron, ether universe 우주) 20, 30, 12 내각의 합 6480°

④ 원의 오일러 표수는 0이다.

두 원의 곱집합인 토러스의 경우 오일러 표수도 0이다. 이중 토러스는 −2이고 뫼비우스띠와 클라인병의 경우 지표는 0이다.

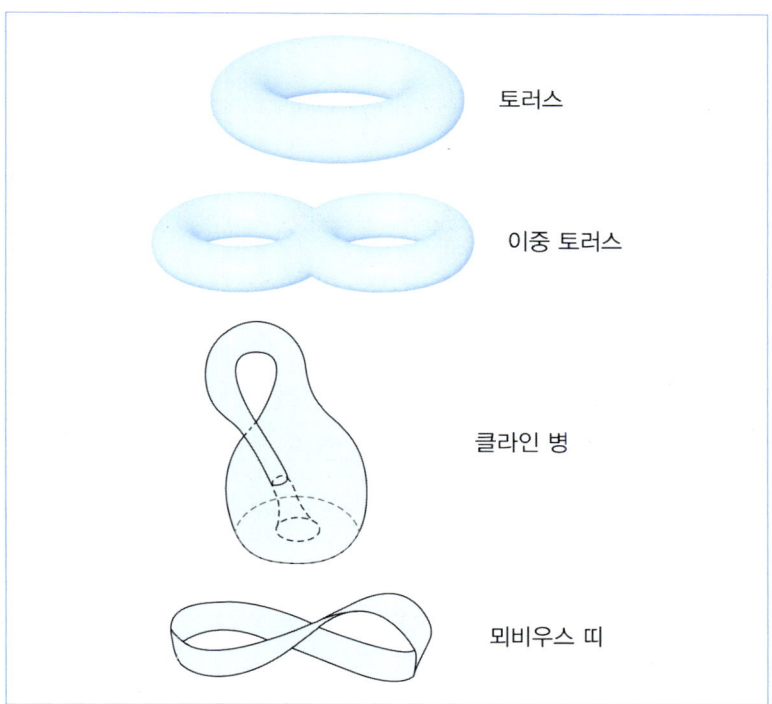

02
바닥을 예쁘게 할 수 있나?

💡 테셀레이션[10](tessellation)

아리스토텔레스는 "자연은 진공을 싫어한다."라고 했다. 수학은 평면의 빈틈을 싫어한다. 길거리를 덮고 있는 보도블록을 봐도 다양한 모양의 도형들로 빈틈없이 채워진 데도 이유가 있다.

---

10 우리말로 '쪽매붙임' 또는 '쪽맞춤'이라고 한다.

만일 보도블럭에 빈틈이 생긴다면 동전이 끼이거나 구두 굽이 끼일 수도 있다. 이러한 빈틈없이 바닥을 완전히 채울 수 있는 보도블럭의 모양은 어떤 것이 있을까? 평면을 빈틈없이 채울 수 있는 도형의 가장 쉬운 모양 하면 정삼각형, 정사각형 그리고 정육각형이 떠오르게 된다.

정오각형은 평면을 가득 채울 수 없다. 그렇다면 위 세 정다각형이 아닌 다른 도형으로는 평면을 빈틈없이 채울 수 있을까? 이런 호기심은 '테셀레이션'이라고 하는 수학 문제로 이어지게 되었다.

① 임의의 삼각형은 테셀레이션이 가능하다. 삼각형 두 개를 이어 붙이면 평행 사변형이 되고, 평행 사변형은 빈틈없이 바닥을 채울 수 있다.

② 임의의 사각형 역시 테셀레이션이 가능하다.

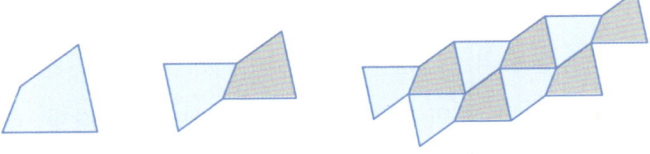

③ 정오각형은 테셀레이션이 불가능하지만, 1918년 라인하르트[11]가 5개의 테셀레이션이 가능한 오각형을 발견하였다.

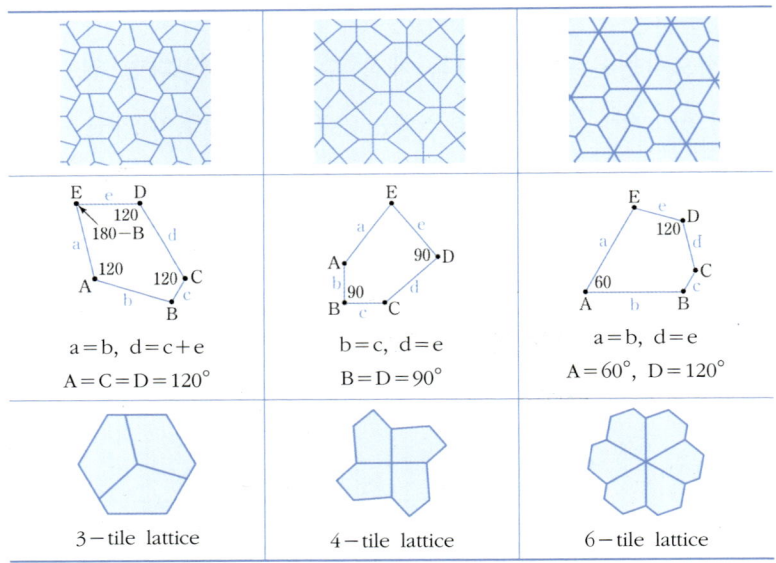

---

11 Karl Reinhardt, German mathematician

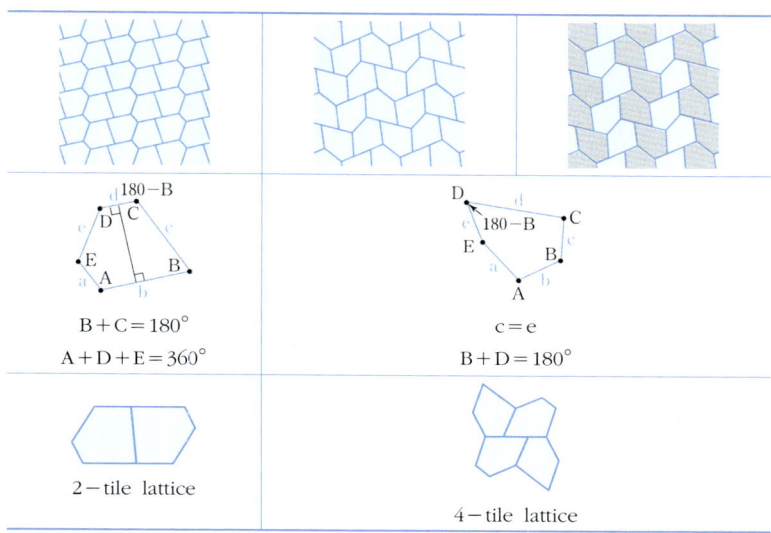

이후 1968년 리차르 케쉬너[12]가 3개의 오각형을 더 발견했다.

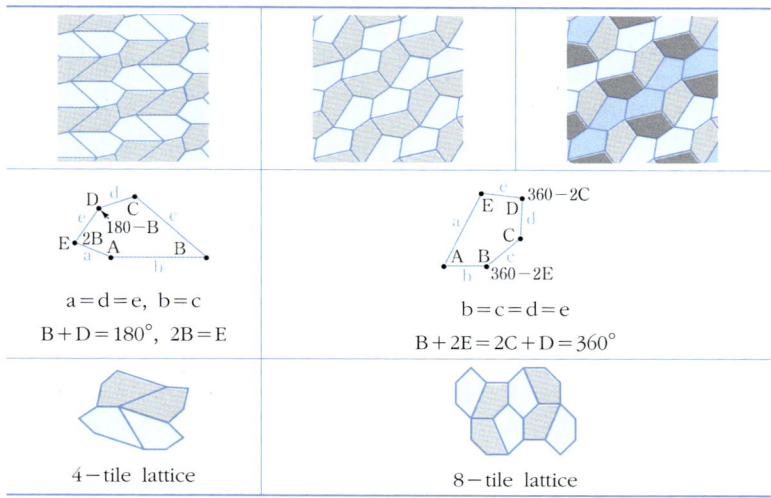

---

[12] Ricahrd Kershner, America mathematician

02 바닥을 예쁘게 할 수 있나? 133

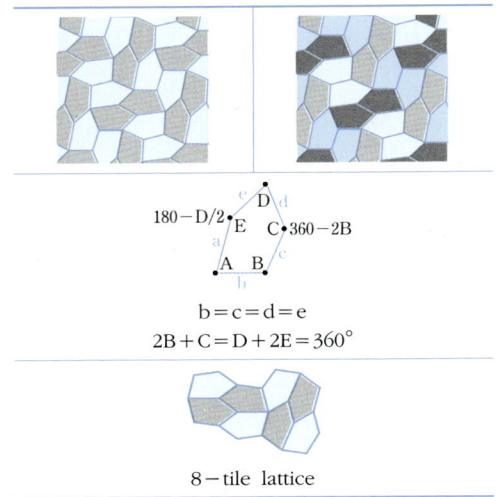

 그는 더 이상의 테셀레이션이 가능한 오각형은 없다고 주장했으나, 1977년 마조리 라이스라는 수학 전문가가 아닌 단순히 수학을 좋아하는 수학 애호가인 주부에 의해 4개의 도형이 더 발견되었다.

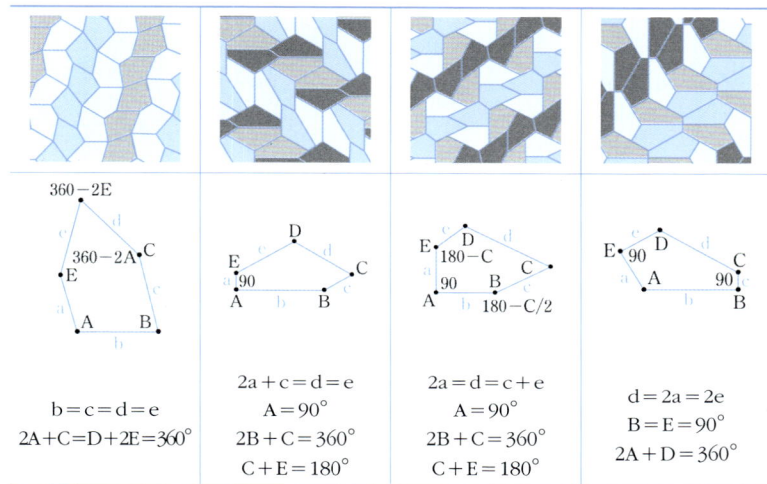

$b=c=d=e$	$2a+c=d=e$	$2a=d=c+e$	$d=2a=2e$
$2A+C=D+2E=360°$	$A=90°$	$A=90°$	$B=E=90°$
	$2B+C=360°$	$2B+C=360°$	$2A+D=360°$
	$C+E=180°$	$C+E=180°$	

이후 리처드 제임스, 랄프스타인, 맨 등이 컴퓨터를 이용하여 2개의 도형을 찾아내게 되었고, 2017년 7월 최종적으로 테셀레이션이 가능한 오각형은 15개라고 발표하였다.

1	2	3	4	5
$B+C=180°$ $A+D+E=360°$	$c=e$ $B+D=180°$	$a=b,\ d=c+e$ $A=C=D=120°$	$b=c,\ d=e$ $B=D=90°$	$a=b,\ d=e$ $A=60°,$ $D=120°$
6	7	8	9	10

11	12	13	14	15
$a=d=e$, $b=c$ $B+D=180°$, $2B=E$	$b=c=d=e$ $B+2E=2C+D=360°$	$b=c=d=e$ $2B+C=D+2E=360°$	$b=c=d=e$ $2A+C=D+2E=360°$	$a=b=c+e$ $A=90°$ $B+E=180°$ $B+2C=360°$

11	12	13	14	15
$2a+c=d=e$ $A=90°$, $2B+C=360°$ $C+E=180°$	$2a=d=c+e$ $A=90°$ $2B+C=360°$ $C+E=180°$	$d=2a=2e$ $B=E=90°$ $2A+D=360°$	$2a=2c=d=e$ $A=90°$ $B≈145.34°$ $C≈69.32°$ $D≈124.66°$ $E≈110.68°$	$a=c=e$ $b=2a$ $A=150°$ $B=60°$ $C=135°$ $D=105°$ $E=90°$

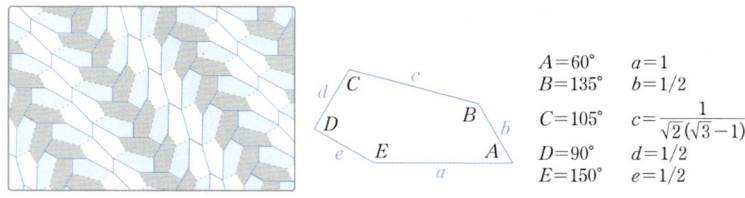

$A=60°$ $a=1$
$B=135°$ $b=1/2$
$C=105°$ $c=\dfrac{1}{\sqrt{2}(\sqrt{3}-1)}$
$D=90°$ $d=1/2$
$E=150°$ $e=1/2$

▲ 15번째 오각형으로 쪽맞춤을 완성한 모습

④ 임의의 육각형도 가능할까? 테셀레이션이 가능한 임의의 육각형은 쉽게 얻을 수가 없다. 1963년 수학자들은 3개의 도형을 발견하게 된다.

1	2		3
p2, 2222	pgg, 22x	p2, 2222	p3, 3333
b=e B+C+D=360°	b=e, d=f B+C+E=360°		a=f, b=c, d=e B=D=F=120°
2-tile lattice	4-tile lattice		3-tile lattice

또한, 수학자들은 변이 7개 이상인 도형 중에서 테셀레이션이 가능한 볼록 다각형은 없다는 것을 알게 되었다.

💡 펜로즈의 타일

수학자 펜로즈(R. Penrose)[13]는 '타일깔기'라는 독특한 패턴을 발견하였다. 그는 특별한 이등변 삼각형 두 개를 이용하여 바닥을 빈틈없이 채워버렸다. 아래 두 변의 비가 1 : Φ[14]인 이등변 삼각형 두 개를 보자.

---

13 Roger Penrose, 1931~, 옥스퍼드 대학 수학과 교수, 펜로즈 삼각형으로 유명하다.
14 황금비 $\Phi \approx 1.6187 \cdots$ 이다.

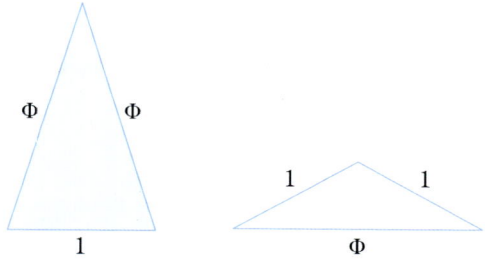

이 두 삼각형은 아래와 같은 정오각형에서도 얻을 수 있다.

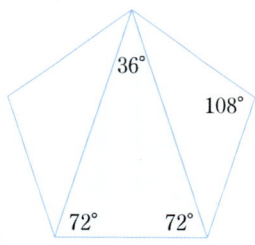

위의 이등변 삼각형을 변의 길이를 잘 맞추어 조정하면 아래 그림처럼 서로 잘 결합할 수 있다.

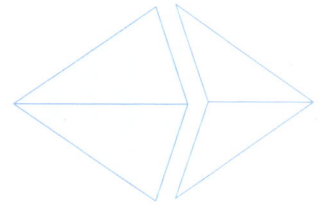

왼쪽의 색상 부분을 연(kite), 오른쪽 부분을 화살(dart)이라고 하며, 아래 그림과 같이 두 조각으로 평면을 가득 채울

수 있다.

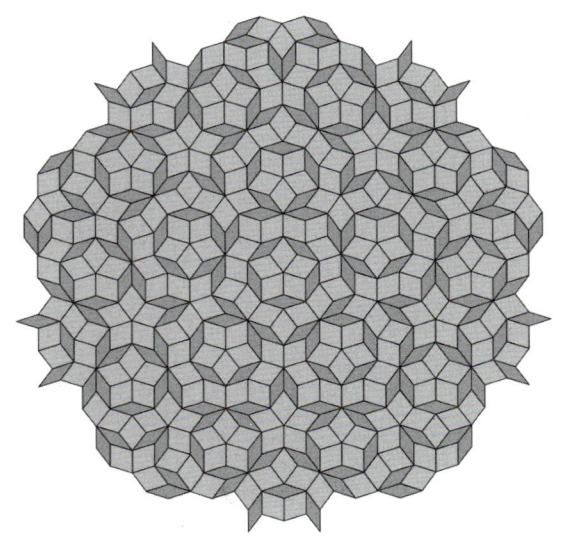

▲ 펜로즈의 방식에 의해 완성된 모습

💡 정폭도형

　정폭도형(Constant width)이란 어느 지점에서나 폭이 같은 도형을 말한다. 대표적인 정폭도형은 원이다. 우리는 그 폭을 지름이라고 부르고 있다. 맨홀(man hall) 뚜껑은 대부분 원형이다. 사각형 모양의 맨홀 뚜껑을 사용한다고 해보자. 사각형은 대각선의 길이가 사각형의 가장 긴 변의 길이보다 길기 때문에 자칫 실수하면 뚜껑이 맨홀 속으로 빠져버릴 수 있다.

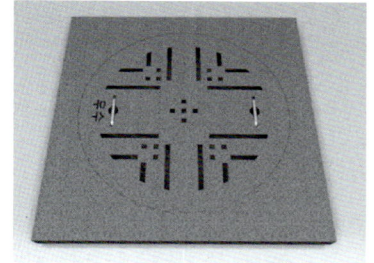
▲ 사각형 모양의 맨홀뚜껑

▲ 원형의 맨홀 뚜껑

그러나 원형인 경우에는 변에 해당하는 폭(지름)의 길이가 동일하기 때문에 맨홀 속으로 뚜껑이 빠질 염려가 없다. 그래서 대부분의 맨홀 뚜껑은 원형으로 만드는 것이 유리하다.

원 외에 정폭도형은 어떤 것이 있을까? 대표적인 것이 뢸로 삼각형(reuleaux triangle)이다. 정삼각형으로부터 얻을 수 있는 이 도형은 폭의 길이가 모두 같다. 뢸로 삼각형을 그리는 방법으로는 지름이 같은 원 세 개를 그림과 같이 각각의 중심을 지나도록 그리면 가운데 뢸로 삼각형이 그려진다.

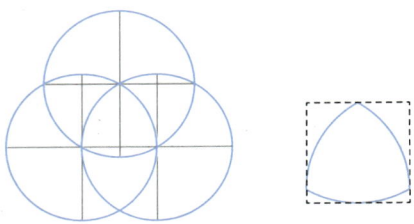

기타(guitar)를 다룰 줄 아는 분들은 '피크(pick)'라는 도구를 아실 것이다. 물론 다양한 모양의 피크가 있지만 뢸로 삼각형 모양이 가장 눈에 익숙할 것이다.

뢸로 삼각형 외에도 정오각형, 정칠각형 등으로부터 뢸로 오각형, 뢸로칠각형 등을 쉽게 얻을 수 있다. 그러나 짝수각형인 정폭도형은 아직까지 그려내는 방법을 모르고 있다.

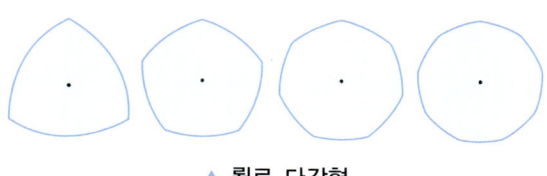

▲ 뢸로 다각형

💡 방정과 행렬

수학에는 방정식(方程式)이 많이 있다. 단순한 경우로 일차 방정식, 이차 방정식 등의 다항 방정식이 있고, 고등학교 과정에서 배우는 유리 방정식, 무리 방정식, 지수 방정식, 삼각 방정식이 있다. 그리고 대학에서 배우는 미분 방정식에 이르러 절정에 달하게 된다. 방정식은 여러 가지 문제 상황을 모델링해서 얻게 되고, 이를 풀어 문제를 해결한다. 그런데 '방정식'이라 용어는 어디서 왔을까? 산학의 고전 《구장산술(九章算術)》은 아홉 권으로 이루어져 있는데, 제8권의 제목이 바로 '방정(方程)'이다. 중국의 수학자 이선란(李善蘭, 1811~1882)은 서양의 수학·과학책을 다수 중국어로 번역했는데, 'equation'을 번역하기 위해 '방정'을 이용해서 '방정식'이란 말을 만들었다. 그렇지만 아래에서 설명할 '방정'의 원래 뜻을 알아보면, 이 용어 선택이 적절해 보이지는 않을 것이다.

《구장산술》의 방정에서는 지금 시대에서 다음 수식 그림과 같은 연립 일차 방정식으로 해결하는 문제를 다루고 있다. 이런 문제의 해법인 '방정술(方程術)'에서는 먼저 오른쪽 그림과 같이 산대를 이용해서 각 방정식의 계수와 상수항을 한 열(산학에서는 이를 행이라 부른다)에 나타낸다. 산대가 나타내는 수를 인도·아라비아 숫자로 나타내면 다음 행렬 그림과 같다. 한문에서는 위에서 아래로 오른쪽부터 왼쪽으로 쓰기 때문에 자연스럽게 이런 배열을 얻는다.

$$\begin{cases} 4x+5y+6z=1219 \\ 5x+6y+4z=1268 \\ 6x+4y+5z=1263 \end{cases}$$

$$\begin{pmatrix} 6 & 5 & 4 \\ 4 & 6 & 5 \\ 5 & 4 & 6 \\ 1263 & 1268 & 1219 \end{pmatrix}$$

실제로, '방정'은 '수들을 네모 모양으로 늘어놓고 계산하는 것'을 뜻한다. 이렇게 수들을 배열한 다음에 한 열에 있는 모든 수에 같은 수를 곱하거나 한 열에서 다른 열을 대응하는 수끼리 빼는 과정을 반복해서 답을 얻었다. 이 경우에 답은 $x=98$, $y=85$, $z=67$[15]이다. 현대 수학의 용어를 사용하면, 이는 연립 일차 방정식에 대응하는 '확대 계수 행렬'을 만든 다음에 '기본 열 연산'을 통해 답을 구하는 과정과 같다. 이런 계산 과정에서 음수의 출현을 피하기 어렵다. 《구장산술》에서 양수와 음수의 덧셈과 뺄셈 법칙인 '정부술(正負術)'이 등장하는 것 역시 제8권 방정이다. 실제로 《구장산술》에서는 방정(方程)을 "이것으로 양수와 음수가 뒤섞인 것을 다룬다(以御錯糅正負)"고 말하고 있다. 위에 예시한 연립 방정식과 행렬은 중국에서 1299년에 발간된 책 《산학계몽》 하권 《방정정부

---

[15] 계산 과정은 2장 2절 〈읽을거리〉에 담아두었다.

문(方程正負門)》의 제1문과 같다.

"라[16] 4자, 능 5자, 견 6자의 값은 1219문이고 라 5자, 능 6자, 견 4자의 값은 1268문이며, 라 6자, 능 4자, 견 5자의 값은 1263문이다. 라, 능, 견 1자의 값은 각각 얼마인가?"

今有羅四尺 綾五尺 絹六尺 直錢一貫二百一十九文 羅五尺 綾六尺 絹四尺 直錢一貫二百六十八文 羅六尺 綾四尺 絹五尺 直錢一貫二百六十三文 問羅綾絹尺價各幾何

💡 마방진

▲ 마방진의 기원

---

16 라(羅): 얇은 비단, 능(綾): 무늬 비단, 견(絹): 명주 비단

마방진에 대한 유래는 전설로 전해지는 중국 하나라(상나라)의 우 임금 때로 거슬러 올라간다. 우 임금은 매년 범람하는 황하의 물길을 정비하던 중, 이상한 그림이 새겨진 거북의 등껍데기를 발견하였다. 낙서(洛書)라고 불리는 이 그림에는 1부터 9까지의 숫자가 가로, 세로 세 줄씩 배열되어 있는데, 가로, 세로, 대각선의 어느 방향으로 더해도 그 합이 15가 되었다. 이때부터 중국에서는 이 등껍데기를 세상의 비밀과 진리를 함축하고 있고, 우주와 주역의 원리를 함축한 숫자의 배열로 인식하게 되었다. 제갈공명도 이 마방진을 이용하여 군사를 배치하였다고 한다. 즉, 이와 같이 군사를 배치하면 어느 쪽을 봐도 군사들의 수가 같기에 같은 수의 군사로 진을 만들어도 전체 숫자가 더 많아 보여 적에게 두려움을 줄 수 있었다고 한다. 수학이 발달한 중세의 이슬람에서도 마방진은 마력을 가진 것으로 여겨 전장에 나갈 때 부적으로 쓰기도 했고, 점성술사들은 악마를 쫓는 부적으로 삼기도 했다.

　16세기 독일의 화가 뮐러의 목판화에도 마방진이 그려져 있다. 가로, 세로가 3칸으로 되어 있는 마방진을 3차 마방진이라고 하는데, 3차 마방진은 위의 거북 등껍데기에서 발견된 마방진이 유일하다. 4차 마방진은 880개, 5차 마방진은 275, 305, 224개가 존재한다고 하는데, 6차 이상일 때는 그 수가 몇 개인지는 알지 못한다고 한다.

　우리나라에서도 마방진에 대해 획기적인 공헌을 한 사람이 있는데, 조선 후기 유학자이자 수학자인 최석정(1646~1715)이라는 인물이다. 그의 저서 《구수략》에는 9차 마방진과 '지수귀문도(地數龜文圖)'라는 유명한 마방진이 있다. 9차 마방진은 1부터 81까지의 수가 중복 없이 배열되어 있는데, 전체적으로도 마방진이지만 그 안에 있는 9개의 조그만 정사각형도 모두 마방진이 된다(라틴 방진). 지수귀문도는 전체적으로 생긴 모양이 거북의 등 같다고 해서 붙여진 이름이다.

 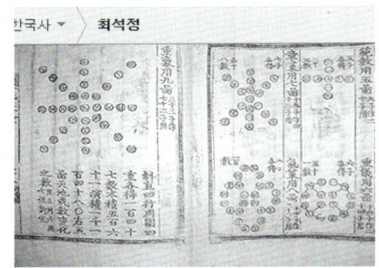

▲ 최석정(좌)과 그의 저서 《구수략》

이 거북등처럼 생긴 6각형에는 1에서 30까지의 수가 중복되지 않고 배열되어 있는데 각각의 6각형의 수를 모두 더하면 어느 경우든 모두 93이 된다. 지금은 그 합이 91, 95 등 여러 값을 가지는 지수귀문도가 만들어지고 있지만, 최석정이 그 당시 어떻게 이런 마방진을 생각해내었는지, 그의 독창적인 아이디어와 수에 대한 능력이 존경스럽고 자랑스럽다. 이와 같은 신비한 수의 성질 때문에 과거에는 마방진이 우주의 비밀을 간직한 신비스러운 것, 귀신을 쫓아내는 부적 등으로 사용되기도 하였으나, 지금은 그런 신비한 물건이라기보다는 재미있는 놀이의 일종으로 다루어지고 있다. 한편, 영국의 피셔 (Ronald A. Fisher, 1890~1962)는 마방진을 이용하여 농업 생산성을 조사하기도 하였으며, 최근에는 시장 조사를 하거나 각종 실험의 결과를 관찰하는 데 이용한다고 한다.

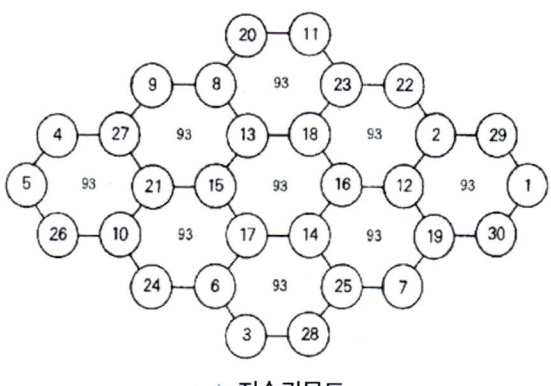

▲ 지수귀문도

우리가 마방진을 만들 수도 있을까? 이미 발견된 마방진 만드는 방법을 소개하려 한다. 홀수 차와 짝수 차[17]로 나누어 알아보자.

---

17 3차와 4차만 다룬다.

(1) 홀수 차 마방진을 만드는 방법

　주어진 정사각형의 중앙에 있는 사각형의 외부에 사각형을 하나씩 추가한다.

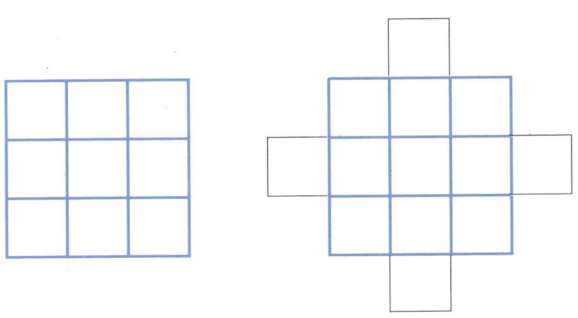

이제 숫자 9개를 차례로 대각선 방향으로 적어준다.

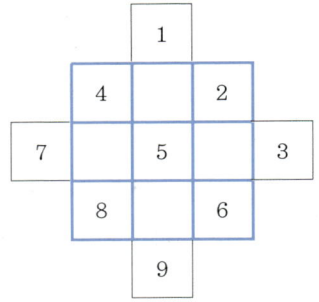

　최초의 정사각형 위에 있는 숫자와 아래에 있는 숫자(1과 9)를 엇갈리게 적는다. 또 왼쪽에 있는 7과 오른쪽의 3을 엇갈리게 적는다. 이제 바로 아래 있는 빈칸에 넣어주기만 하면 3

차 마방진이 완성된다.

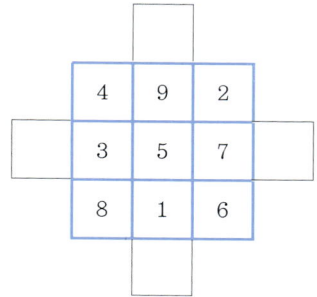

대각선으로의 배치를 어떻게 하느냐에 따라 여러 가지 모습의 3차 마방진이 만들어진다.

6	1	8
7	5	3
2	9	4

2	7	6
9	1	5
4	3	8

4	9	2
3	5	7
8	1	6

8	3	4
1	5	9
6	7	2

8	1	6
3	5	7
4	9	2

6	7	2
1	5	9
8	3	4

2	9	4
7	5	3
6	1	8

4	3	8
9	1	5
2	7	6

▲ 3차 마방진의 개수: 1개 또는 8개

같은 방법으로 만들어본 5차 마방진의 모습이다.

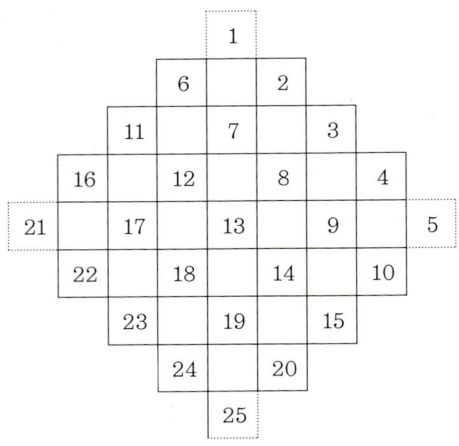

11	24	7	20	3
4	12	25	8	16
17	5	13	21	9
10	18	1	14	22
23	6	19	2	15

▲ 5차 마방진

(2) 짝수(4의 배수) 차 마방진을 만드는 방법

1단계 : 숫자를 차례대로 쓰기

1	2	3	4
5	6	7	8
9	10	11	12
13	14	15	16

2단계 : 대각선은 그대로 두고 나머지 숫자들만 생각하기

	2	3	
5			8
9			12
	14	15	

3단계: 마방진에 중심에 대칭인 위치의 수를 교환하기

	15	3	
5			8
9			12
	14	2	

	15	14	
5			8
9			12
	3	2	

02 바닥을 예쁘게 할 수 있나?

	15	14	
12			8
9			5
	3	2	

	15	14	
12			9
8			5
	3	2	

4단계: 대각선 수를 채워주면 완성된다.

1	15	14	4
12	6	7	9
8	10	11	5
13	3	2	16

화가 알브레히트 뒤러의 〈멜랑콜리아 I〉에서도 4차 마방진의 모습이 보인다.

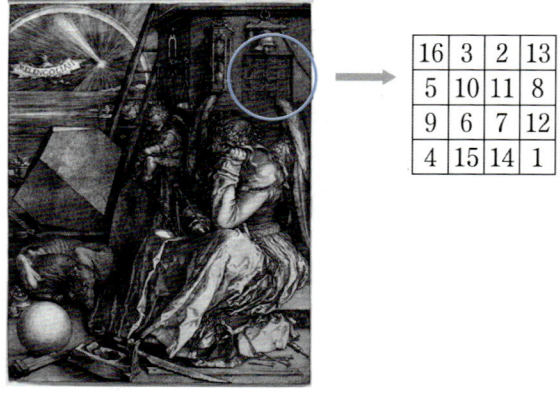

이 16개의 숫자의 배열에서 가로, 세로, 대각선의 합이 같다는 사실과 더불어 아래 그림의 꼭짓점의 숫자의 합도 모두 같다는 사실에 다시 한번 놀라곤 한다.

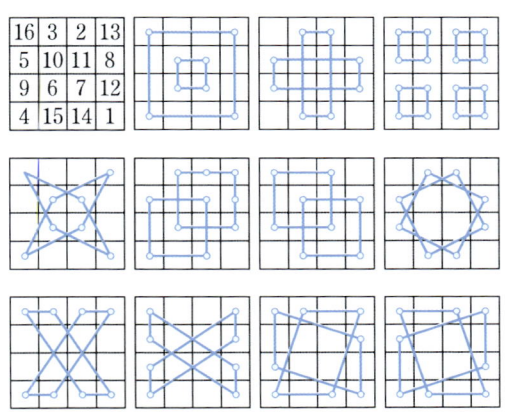

💡 라틴방진과 스도쿠

수학의 역사에는 손꼽히는 천재들이 많은데, 18세기 최고의 수학자라면 단연 스위스의 오일러(Leonhard Euler, 1707~1783)라 할 수 있다. 그는 17세기에 개발된 미적분학을 최고의 수준으로 발전시켰을 뿐 아니라, 선대 수학자들은 생각지도 못했던 새로운 분야를 개척하여 수학의 수준을 한 단계 끌어올린 위대한 인물이었다. 오일러는 "해석학의 화신"이라는 별명이 있을 정도로 미적분학 분야에 뛰어난 수학자였지만, 한편으로 그는 지금은 조합론(combinatorics)이라 부르는 분야에서도 많은 업적을 남겼다. 라틴 방진(Latin square)은 그가 구상한 방진으로서 숫자나 기호가 모든 행과 열에 한 번씩만 등장하는 구조를 가진 마방진을 말한다. 스포츠 대회의 리그전을 짤 때 사용하며, 5종류의 대상을 동시에 시험할 때 사용한다.

2	3	4	0	1
0	1	2	3	4
3	4	0	1	2
1	2	3	4	0
4	0	1	2	3

이 라틴 방진이 확장된 게임[18]이 있다. 미국의 한 건축가는 숫자 위치라는 게임을 1979년 처음으로 등장시켰다. 처음에 단서로 제공되는 숫자들을 고르게 분포시켜 남은 행렬의 각 합이 같도록 수를 배치하는 게임으로, 지금은 '스도쿠(Sudoku)'라고 불리는 게임으로 발전하게 되었다.

---

18 실제로 9차 라틴 방진이다.

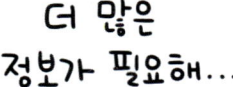

스도쿠라는 이름은 수독(數獨), 즉 외로운 숫자라는 뜻의 한자어를 일본식으로 읽은 것이다. 당연한 일이겠지만, 이 이름은 일본에서 지은 것이다. 그렇다면 스도쿠를 만든 사람도 일본인일까?

스도쿠가 처음 등장한 것은 1979년으로, 미국의 퍼즐 잡지인 델지(〈Dell magazine〉)에 'Number Place'라는 제목으로 실린 것이 인쇄 상태로는 최초의 게임이다. 그 미국의 건축가 이름은 바로 하워드 간즈(Howard Garns)이다. 이 새로운 퍼즐은 이후 일본에 전해져 "숫자는 혼자로 제한된다(数字は独身に限る)."라는 긴 이름으로 소개되었다. 일본의 퍼즐 잡지인 니코리(ニコリ)의 카지 마키(鍛治 真起) 회장은 이 긴 이름을 數獨으로 줄여서 세상에 내놓았고, 이후 전 세계에 스도쿠 열

풍이 불었다. 스도쿠의 창안자는 하워드 간즈이지만, 이것을 상품화하여 세계적으로 유행하게 만든 데는 카지 마키의 공이 커서 그는 "스도쿠의 아버지"라는 별명으로 불리기도 한다.

하워드 간즈나 카지 마키는 뛰어난 퍼즐 작가이기는 하지만 수학자라고는 할 수 없다. 스도쿠를 만든 사람이 수학자라는 말은 어디서 나온 것일까? 오일러 때문이라고 생각해도 무리는 아닐 것 같다. 수학자 펠겐하우어(Bertram Felgehauer)와 자비스(Frazer Jarvis)는 스도쿠 방진으로 가능한, 그야말로 모든 경우의 수를 구하였는데, 그 값은 다음과 같다.

6670903752021075936960개

스도쿠 방진의 개수가 대단히 많지만, 이것은 좌우를 뒤집거나 전체를 회전하거나 1과 2의 자리를 맞바꾸는 등의 방법을 모두 포함한 경우이다. 변형하여 같은 방진이 되는 경우를 하나로 세기로 한다면 스도쿠 방진의 개수는 대폭 줄어든다. 그 개수는 다음과 같다.

5472730538개

줄었다고는 하지만 본질적으로 다른 스도쿠 방진이 54억 개가 넘는 셈이니, 스도쿠 문제가 더 이상 만들어지지 않을까 걱정할 필요도 없고, 스도쿠 문제를 모조리 풀어보겠다는 무모한 도전을 할 필요도 없다. 스도쿠는 처음 몇 개의 칸에 숫자를 주고서 나머지 칸을 규칙에 따라 채우는 것이다. 당연한 일이지만, 처음에 아무렇게나 숫자를 주어서는 칸을 채울 수 없는 경우가 있다. 그러니 스도쿠를 푸는 것이 쉬운 일이 아니지만, 만드는 것도 쉬운 일이 아니다.

(1) 테셀레이션을 활용한 미술작품

아래 그림은 에쉬(Escher)의 대표적인 테셀레이션인 Lizard (1942년)로 도마뱀을 이용한 작품이다. 동일한 형상을 띈 도마뱀으로 화면 전체를 채워 수학적인 미학을 담았다.

이제 수학은 전문가의 영역이 아닌 모두가 즐길 수 있는 공부가 되고 있다. 테셀레이션이 가능한 오각형을 추가로 발견해낸 마조리 라이스 또한 당시 50대의 수학 애호가였으니 말이다. 수학교육을 제대로 배우지 않아도 수학을 좋아한다면 놀라운 작품이 탄생할 수 있다.

수포자는 있는데 수호자(數好者)라는 말은 왜 없을까? 수학을 너무 일찍 포기하지 않기를 바란다. 많은 것을 얻는 기회가 수학 속에 있다.

(2) 정폭도형을 활용한 기구들

뢸로 삼각형은 사각형 모양의 구멍을 뚫는 드릴에도 사용이 된다. 또 비록 실패하긴 했지만 내연기관에도 뢸로 삼각형이 응용되기도 했다.

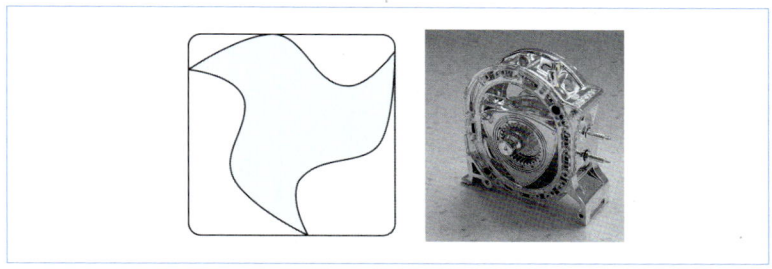

평면에서 그려진 뢸로 다각형과 같이 입체 정폭도형이 가능할까? 아래 그림은 입체 정폭도형은 모아둔 것이다. 이들을 아래에 두고 넓은 판으로 덮으면 부드럽게 움직이게 된다.

읽을거리

(3) 방정에서 제시한 문제의 해법

제시한 답을 얻을 때까지의 계산과정은 다음과 같다. 1열이 가장 오른쪽의 열이다.

$$\begin{pmatrix} 6 & 5 & 4 \\ 4 & 6 & 5 \\ 5 & 4 & 6 \\ 1263 & 1268 & 1219 \end{pmatrix} \xrightarrow[3열-1열]{2열-1열} \begin{pmatrix} 2 & 1 & 4 \\ -1 & 1 & 5 \\ -1 & -2 & 6 \\ 44 & 49 & 1219 \end{pmatrix}$$

$$\xrightarrow[3열\times 4]{2열\times 4} \begin{pmatrix} 8 & 4 & 4 \\ -4 & 4 & 5 \\ -4 & -8 & 6 \\ 176 & 196 & 1219 \end{pmatrix} \xrightarrow[3열-1열\times 2]{2열-1열} \begin{pmatrix} 0 & 0 & 4 \\ -14 & -1 & 5 \\ -16 & -14 & 6 \\ -2262 & -1023 & 1219 \end{pmatrix}$$

$$\xrightarrow{3열-2열\times 14} \begin{pmatrix} 0 & 0 & 4 \\ 0 & -1 & 5 \\ 180 & -14 & 6 \\ 12060 & -1023 & 1219 \end{pmatrix} \xrightarrow[3열\div 180]{2열\times(-1)} \begin{pmatrix} 0 & 0 & 4 \\ 0 & 1 & 5 \\ 1 & 14 & 6 \\ 67 & 1023 & 1219 \end{pmatrix}$$

$$\xrightarrow{2열-3열\times 14} \begin{pmatrix} 0 & 0 & 4 \\ 0 & 1 & 5 \\ 1 & 0 & 6 \\ 67 & 85 & 1219 \end{pmatrix} \xrightarrow{1열-2열\times 5} \begin{pmatrix} 0 & 0 & 4 \\ 0 & 1 & 0 \\ 1 & 0 & 6 \\ 67 & 85 & 794 \end{pmatrix}$$

$$\xrightarrow{1열-3열\times 6} \begin{pmatrix} 0 & 0 & 4 \\ 0 & 1 & 0 \\ 1 & 0 & 0 \\ 67 & 85 & 392 \end{pmatrix} \xrightarrow{1열\div 4} \begin{pmatrix} 0 & 0 & 1 \\ 0 & 1 & 0 \\ 1 & 0 & 0 \\ 67 & 85 & 98 \end{pmatrix}$$

이것은 연립 일차 방정식의 각 방정식에 상수를 곱하거나 방정식끼리 빼거나 더해서 미지수의 개수를 줄여나가면서 해를 구하는 가우스 소거법 또는 [19]가우스−요르단 소거법이라 부르는 과정과 일치한다.

---

[19] 가우스(Carl Friedrich Gauss, 1777~1855)와 요르단(Whihelm Jordan, 1842~1899)

(4) 재미있는 마방진 문제들

① 아래의 사각형에서 가로, 세로, 대각선의 합이 모두 같도록 써넣으려고 한다. 위 사각형의 빈 곳에 들어갈 수를 구하라.

	9		
	5	16	
	8	6	
ㄱ	ㄴ	7	11

마방진이므로 9+5+8+ㄴ = ㄱ+ㄴ+7+11이 성립한다. 22+ㄴ = ㄱ+ㄴ+18 에서 ㄱ = 4임을 알 수 있고 ㄱ이 결정되면 ㄴ은 어떤 수든지 마음대로 배정할 수 있어 답은 여러 가지로 나올 수 있다.

② 다음과 같은 표에 11, 12, 13, 14, 15, 16, 17, 18, 19를 넣어 가로, 세로, 대각선의 합이 모두 같게 만들어보라. (2004년 교육청)

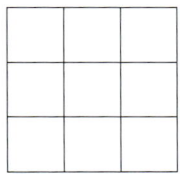

📐 읽을거리

(풀이) 3차 마방진의 각 칸의 수에 10씩을 더하면 된다.

6	1	8
7	5	3
2	9	4

➡

10+6	10+1	10+8
10+7	10+5	10+3
10+2	10+9	10+4

➡

16	11	18
17	15	13
12	19	14

이런 방식으로 우리는 매우 다양한 형태의 마방진을 만들 수 있다. 위와 같이 같은 수를 더해도 되고, 아래와 같이 같은 수를 곱해도 되고, 곱해서 더해도 된다.

6	1	8
7	5	3
2	9	4

➡

5×6	5×1	5×8
5×7	5×5	5×3
5×2	5×9	5×4

➡

30	5	40
35	25	15
10	45	20

또한 적당한 3차 마방진을 구한 후, 2나 3의 지수로 바꾸어도 일정한 곱을 갖는 마방진을 만들 수 있다.

7	0	5
2	4	6
3	8	1

2^7	2^0	2^5
2^2	2^4	2^6
2^3	2^8	2^1

128	1	32
4	16	64
8	256	2

4차 마방진의 개수는 회전 반사등을 제외하고 무려 880가지가 존재한다. 5차 마방진은 275,305,224개가 있다고 한다. 6차 마방진의 개수는 현재 알려져 있지 않다.

③ 당황스러운 스도쿠

1	2	3	4	5	6	7	8	
								9

9	2	6	5	7	1	4	8	3
3	5	1	4	8	6	2	7	9
8	7	4	9	2	3	5	1	6
5	8	2	3	6	7	1	9	4
1	4	9	2	5	8	3	6	7
7	6	3	1			8	2	5
2	3	8	7			6	5	1
6	1	7	8	3	5	9	4	2
4	9	5	6	1	2	7	3	8

풀이가 없는 스도쿠 문제   풀이가 2개 존재하는 스도쿠 문제

03

지름길과 가장 빠른 길, 같은 거 아냐?

💡 곡선의 미학, 사이클로이드

억지로 해서 안 되는 일도 시간이 지나면 저절로 해결되는 경험은 누구나 가지고 있을 것이다. 아무리 머리를 짜내도 떠오르지 않던 해답이 어느 순간 저절로 생각나는 경우도 있다. 밤새워가며 한 일인데 한숨 자고 일어나 다시 보니 허점투성이라서 당황했던 기억도 있으리라 생각한다. 시간이라는 기한에 쫓겨서 서두른 일은 늘 빈틈을 남기고, 오히려 그르친 결과로 이어지기도 한다. 급할수록 돌아가라는 말은 이런 일상의 경험에서 나온 격언이기도 하지만 매우 과학적인 근거를 가지고 있다.

아래 그림에서와 같이 바퀴의 외부에 한 점을 찍고, 그 바퀴가 굴러감에 따라 점이 높아졌다 낮아지는 궤도를 '사이클로이드(cycloid)'라고 한다.

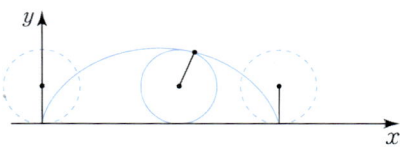

시작과 끝을 연결하는 최단거리의 직선보다 도착 지점에 더 빨리 도착하는 사이클로이드는 직선보다 길이가 더 긴 곡선이다. 사이클로이드는 신비로움과 놀라움을 가진 곡선으로, 파스칼이 사이클로이드를 연구하며 고통스러운 치통을 잊었다는 일화가 있을 만큼 이 곡선의 아름다움에 매료된 사람이 많다. 사이클로이드는 바퀴라는 의미의 그리스어에서 나온 말로 회전하는 바퀴상의 한 점의 궤도(orbit)를 나타낸다.

사이클로이드와 관련한 사례로, 성당에서 예배를 드리던 갈릴레이가 천장에 매달린 진자의 주기가 진폭에 상관없이 일정하다는 '진자의 등시성'을 발견했다는 이야기는 너무나 유명하다.

　나중에 네덜란드의 물리학자 호이겐스는 진자가 호(弧)[20]가 아니라 사이클로이드를 따라 움직일 경우에 진자의 궤도가 등시곡선(tautochrone)이 된다는 것을 증명했는데, 등시곡선은 정점에 도달하기 위해서 곡선상의 어떤 점에서 출발하더라도 도달하는 데 걸리는 시간이 같게 되는 성질을 가지고 있다. 아래 그림에서와 같이 사이클로이드에서 P_1, P_2, P_3, P_4 어느 지점에서 출발해도 P에 동시에 도착한다. 이것이 등시곡선이다.

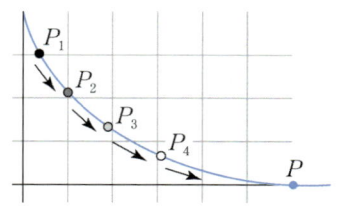

---

20 원 둘레 위에서 2점 사이의 부분을 말한다.

점 P_1에서 점 P까지의 최단거리는 직선이다. 그러나 가장 빨리 도착하는 경로는 사이클로이드가 되는 것이다. 사이클로이드에서는 직선보다 중력가속도가 줄어드는 정도가 작기 때문에, 초기에 충분한 중력가속도를 얻어 빠르게 P_2, P_3 지점을 통과하고, 완만한 지점에서는 관성으로 밀어붙이게 된다. 이런 이유로 사이클로이드는 직선보다 더 먼 거리를 돌아가지만 가장 빨리 목적지에 도착하게 된다.

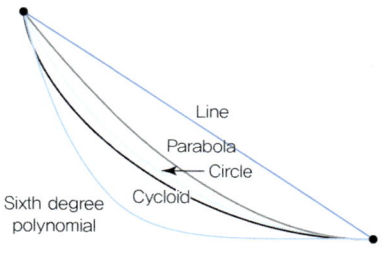

더 멀리 돌아가는 원호는 사이클로이드보다는 느리지만, 직선보다는 빠르다. 사이클로이드는 급하게 질러가지도, 그렇다고 너무 돌아가지도 않는 가장 이상적인 길(道)인 최단강하선(brachistochrone)이다. 수학자들이 종종 사이클로이드를 트로이 전쟁의 원인이 되었던 헬렌의 아름다운 미모에 빗대어 '기하학의 헬렌(The Helen of Geometry)'이라고 부르는 것처럼, 사이클로이드에는 돌아감의 미학이 숨어있다. 독수리가 들쥐를 잡을 때 곡선을 그리며 하강하는 것은 그것이 빠르다는 것을 알기 때문이다.

여러분의 미래의 목표는 잘 진행되고 있는가? 시간이 지날수록 목표는 더 나은 방향으로 수정되거나 조금씩 변해가게 되고 누구나 그 목표를 향해서 조금도 옆길로 빠지지 않고 최단거리인 직선의 길을 걷고 싶어 한다. 목표점 P는 변할 수 있으므로 결코 직선이 될 수 없기도 하지만, 가장 빠르다고 여기는 눈에 보이는 직선은 목표점을 더 멀게 할 수도 있다. 목표와 문제에서 한발 물러나서 보면 돌아가는 길이라는 새로운 해답이 보일지도 모른다.

💡 기차의 역설

'기차의 역설'이라는 사이클로이드가 있다.

"기차가 달릴 때, 이 기차의 모든 부분이 기차가 달리는 방향과 같은 방향으로 움직이고 있는 것은 아니다. 기차의 일부는 매 순간 기차가 달리는 방향과는 반대 방향으로 움직이고 있다."

얼핏 생각해서는 납득이 가지 않을 수도 있다. 기차가 앞으로 달린다면 기차에 탄 사람뿐만 아니라 기차의 모든 부분이 함께 앞으로 달려야 하기 때문이다. 그러나 이 역설은 엄연한 사실이며 사이클로이드를 이용하여 설명할 수 있다. 그 전에 먼저 기차의 바퀴가 어떻게 생겼는지 생각해보자.

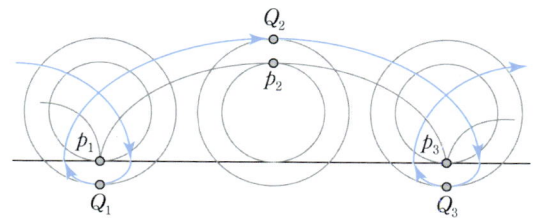

위 그림을 보자. 선로 위를 회전하는 기차 바퀴의 안쪽에 놓인 점 P_1이 그리는 곡선은 P_2를 지나 P_3로 이어지는 사이클로이드이다. 반면 바깥쪽에 놓인 한 점 Q_1은 Q_2를 지나 Q_3로 이어지며 사이클로이드보다 긴 곡선이 된다. 그래서 이 곡선을 '긴 사이클로이드(굵은 곡선으로 된 부분)'라고 부른다. 이 그림을 보면 기차 바퀴의 일부분은 기차가 앞으로 진행할 때, 밑 부분에서 기차의 진행 방향과는 반대인 뒤로 움직이고 있다는 것을 알 수 있다.

💡 내게 필요한 땅은?

톨스토이(1828~1900)는 러시아 사실주의 문학의 정점에 있는 인물이다. 소설 《전쟁과 평화》, 《안나 카레니나》로 이미 잘 알고 있으리라 생각한다. 1885년 단편집 《사람은 무엇으로 사는가?》(1885년 작)를 통해서 사랑을 이야기했고, 《사람에게는 얼마만큼의 땅이 필요한가?》(1885년 작)를 통해서 우리가 사람답게 살기 위해 해야 할 일을 지적하고 있다.

대강의 줄거리는 이렇다. 바흠이라는 부지런한 농부가 살고 있었다. 어떤 먼 곳에서 온 사람이 "그곳에 조합에 가입하면 더 많은 땅을 주어 더 부자가 될 수 있다"는 소리를 듣고 온 가족을 데리고 이사를 해서 정말 큰 부자가 되었다. 어느 날 먼 고장에서 온 나그네가 "그곳에 가면 단돈 1000루블(RUB. 약 22700원)에 걸어서 하루 걸리는 넓이의 땅을 준다."는 말을 듣게 된다. 바흠은 즉시 이사를 했고 그 마을 촌장과 만나 땅을 사겠다고 한다. 촌장의 말이 "하루 동안 걸어서 네 귀퉁이에 표시하면 그 땅을 1000루블에 주겠소. 단, 해가 지기 전에 출발한 곳으로 돌아와야 하오."였다. 바흠의 행로는 이랬다. 처음에는 한 방향으로 10베르스타(верста, 러시아 길이 단위, 약 10km)를 가고 왼쪽으로 직각으로 꺾어서 $x$km 가고, 다시 왼쪽으로 직각으로 꺾어서 2베르스타(약 2km) 가서 똑바로 출발점을 향했다. 소설에 등장하는 총 걸어간 거리를 대강의 수치로 설명해보자. 그림으로 나타내면 아래와 같다.

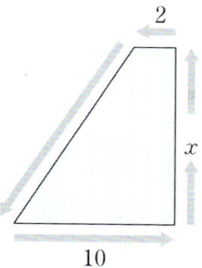

돌아온 거리를 15km라고 하고 거리 x를 계산하면 $8^2 + x^2 = 15^2$에서 $x = \sqrt{161}$ 정도가 되어 약 13km라고 할 수 있다.

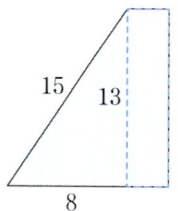

사다리꼴의 넓이를 계산하면 $\dfrac{10+2}{2} \times 13 = 78$이 되어 바흠이 제대로 돌아왔더라도 차지한 땅의 넓이는 고작 78km²밖에 안 된다. 차라리 가로 10km, 세로 10km로 갔더라면 그 넓이는 100km²가 되었을 것이다. 수학자라면 사이클로이드 기법을 활용해서 원형으로 땅을 차지했을 것이다.

읽을거리

(1) 모든 직선은 추락한다.

많은 연인들의 사소한 다툼이 이별로 이어지곤 한다. 다툼의 원인은 정말 사소한 일인데 그 원인을 해결하는 방법은 매우 직선적이다. 원인이 발생한 이유와 그 이유를 이해하기 위한 기다림도 없으며, 상대방이 이해를 구해도 당장 원인을 알고 싶어 하는 급박함만 넘친다. 하루만 돌아가면 도착할 화해의 지점을, 직진으로 몇 시간 더 빨리 가려 하다가 결국 영원히 도착할 수 없는 파탄의 지점으로 만들어버린다.

(2) 도약을 위한 하향곡선

독수리가 들쥐를 잡을 때 곡선으로 하강하는 것은 다시 상승하기 위함도 있다. 하향하는 속도 그대로에, 최고점을 향한 퍼덕거림을 보태고 기류를 타기 시작하면 시속 240마일로 다시 치솟아 날아오르는 것이다. 직선과 달리 사이클로이드를 연장하면, 지면과 가장 근접한 지점을 통과한 후에는 하강할 때의 곡선과 동일하게 상승하고 있는 것을 볼 수 있다. 떨어지고 있는 도중일지라도 포기하지 않고 이상적인 활로를 찾는다면 상승의 기회를 얻을 것이다.

(3) 생활 속 사이클로이드

우리나라 성곽의 대문이나 각종 아치형 문틀과 다리의 건설, 그리고 터널 공사에도 사이클로이드의 견고함을 이용하고 있다. 건축물 대부분이 정확한 사이클로이드로 계산되어 만들어진 것은 아니지만 차선책으로 원 또는 타원 같은 곡선을 이용하고 있다.

(4) 원 위의 사이클로이드

직선이 아닌 원의 외부와 내부에서 사이클로이드를 그리면 어떤 모습일까?

① 에피 사이클로이드(epicycloid)
: 큰 원에 외접하는 작은 원으로부터 얻어진 사이클로이드

읽을거리

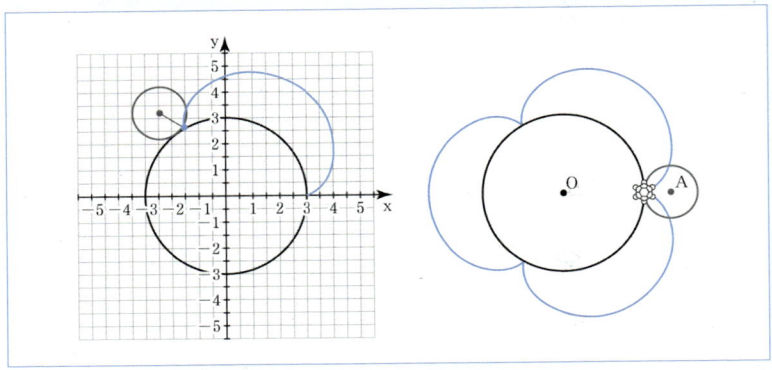

② 하이포 사이클로이드(hypocycloid)
: 큰 원에 내접하는 작은 원으로부터 얻어진 사이클로이드

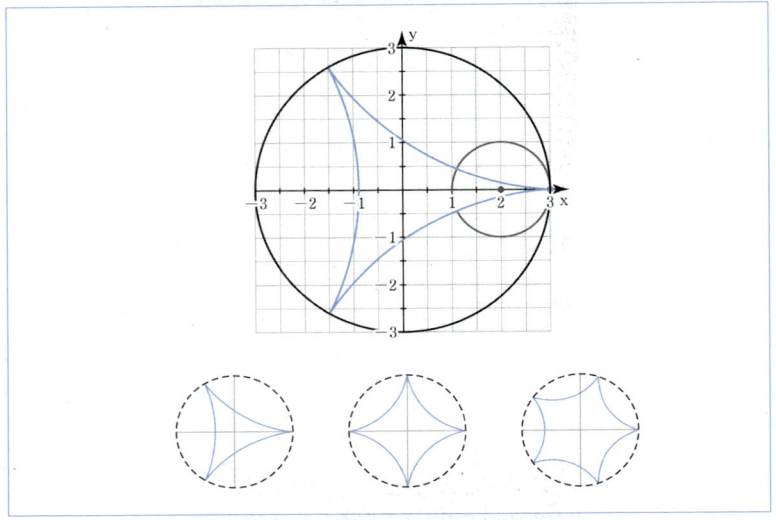

CHAPTER

03

일상을
수학하자

01 마트와 편의점 속으로
02 세상에서 열흘이 사라졌어
03 이게 가능해?

01
마트와 편의점 속으로

💡 단위

옛날부터 지금에 이르기까지 동서양의 측정 단위는 지역에 따라 문화에 따라 다르게 측정되고 있었다. 1791년부터 프랑스 아카데미는 전 세계의 혼란스럽고 비과학적인 도량형을 정리하여 일정하고 과학적이며 간단한 한 가지로 대치하도록 새로운 측정법을 제시하였다. 1799년 길이는 미터(m), 질량은 킬로그램(kg)으로 전환하였고 1875년 파리에서 국제 도량형국을 설립하여 각종 방식으로 정의하여 새로운 도량형법(미터법)을 사용하고 있다. 이곳에서 7개의 미터법의 기본 단위[1]의 정의에 기본 상수를 활용하자고 제안했고 2019년 5월 30일부터 시행되었다. 우리나라는 1960년 법령이 발표되고부터 미터법을 쓰고 있다. 우리의 단위를 미터법으로 계산해보면 아래와 같다.

(1) 길이의 단위

    치(촌, 寸 손가락 한 마디) = 1.193인치 = 3.30303cm(센티미터)
    자(척, 尺 손에서 팔꿈치까지의 길이) = 10치
    보(步 한 걸음 거리) = 70~80cm(센티미터)
    길 = 8자

(2) 부피의 단위

    홉(어른이 한 번에 마실 수 있는 양) = 180ml(밀리리터)
    되 = 10홉 = 1.8L(리터)
    말 = 10되 = 18L(리터)
    섬 = 10말 = 180L(리터)

(3) 무게의 단위

    근 = 과일이나 채소는 375g(그램), 고기나 한약재는 600g(그램)
    관 = 3.75kg(킬로그램)

---

1 미터(m), 킬로그램(kg), 시간(s), 켈빈(K), 암페어(A), 몰(mol), 칸델라(cd)

(4) 넓이의 단위

평 = 3.30m²(제곱미터)

되지기 = 볍씨 한 되를 심을 만한 넓이

마지기(10 되지기) = 볍씨 한 말을 심을 만한 넓이, 논은 300평, 밭은 100평

💡 1, 2, 3, 4, 5리터 만들기

일상에서 정량의 물이 필요할 때, 우리는 보통 종이컵(180ml)을 여러번 활용하곤 한다. 이제 뚜껑이 없는 6리터짜리 정육면체 통을 한 번만 사용하여 물 1, 2, 3, 4, 5리터를 만들어보자.

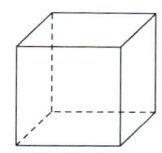

(1) 물 1리터 만들기

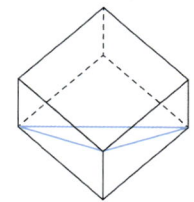

① 물을 가득 채운다.
② 모퉁이 한쪽으로 물을 따라 버린다.
③ 수면이 바닥의 두 꼭짓점에 나란히 거칠 때까지 물을 버린다.

삼각뿔의 밑면은 처음 상자 밑면의 절반이다. 삼각뿔의 높이는 상자의 높이와 같다. 따라서 삼각뿔의 부피

$$V = \frac{1}{3} \times 삼각뿔의\ 밑면 \times 상자의\ 높이$$

가 되어 삼각뿔의 부피는 상자 부피의 $\frac{1}{6}$ 이다. 이제 1리터의 물이 만들어졌다.

(2) 물 3리터 만들기

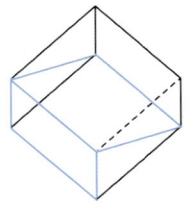

① 물을 가득 채운다.
② 모퉁이 한쪽으로 물을 따라 버린다.
③ 수면이 바닥의 모서리에 거칠 때까지 물을 버린다.

이제 물 3리터가 완성되었다.

(3) 물 2리터 만들기

① 물을 가득 채운다.
② 물 3리터를 만든다.
③ 물 1리터를 만들 때처럼 바닥의 모서리에 거칠 때까지 물을 버린다.

물 2리터도 완성이다. 1리터씩 두 번 만들면 반칙이 된다.

(4) 물 4리터 만들기

① 물을 가득 채운다.
② 물 3리터를 따라 담아둔다.
③ 물 2리터를 만들 때처럼 수면이 바닥의 두 꼭짓점에 나란히 거칠 때까지 물을 버린다.

물 4리터도 만들어졌다.

(5) 물 5리터 만들기

① 물을 가득 채운다.
② 물 1리터를 남기고 따라둔다.

이것이 5리터이다. 5리터는 이미 만들어졌던 것이다.

💡 할인 제품은 무조건 사라?

할인 제품과 1+1, 2+1 행사 제품 중 어느 것이 유리할까? 1500원짜리 과자를 사러 마트에 가보자. 같은 과자인데 선택의 폭이 두 가지가 있었다.

① 2+1 : 이 경우는 3000원으로 2+1=3개를 살 수 있으니 하나의 가격은 1000원이다.
② 30% 할인 : 이 경우는 $1500-(1500\times0.3)=1050$원이므로 3개를 사려면 $1050\times3=3150$원이 필요하다.

이 정도는 고를 수 있겠다. 그러나 2+1의 경우 필요 이상의 제품을 사게 된 것이므로 1개 또는 2개를 살 때는 30% 가격이 더 합리적이다. 4개처럼 3의 배수가 아닌 제품을 살 때에는 30% 제품 4개를 사게 되면

$$1500\times4-(1500\times0.3\times4)=4200원$$

이고, 2+1과 30% 할인을 합해서 구매하면

$$1500\times2+(1500-(1500\times3))=4050원$$

이므로 두 번째 방법이 더 좋다. 3의 배수가 아닌 경우는 두 가지 방법을 섞어서 구매해야 한다.

이번에는 원래 할인 20% 제품과 원래 10% 할인에 추가 할인 10%인 제품이 있다면 어느 것을 골라야 할까? 5만 원짜리 제품을 구매해보자.

① 원래 할인 20% : 이 경우 $50000-(50000\times0.2)=40000$이다.
② 원래 10% 할인에 추가 할인 10% : 이 경우에는

50000 − (50000 × 0.1) = 45000이고 이 가격을 다시 할인하면 45000 − (45000 × 0.1) = 40500이 되어 원래 할인 20%가 더 유리한 가격이다.

다른 예시로 피자를 먹어보기로 하자. M 크기(28,000원, 지름이 25cm)와 L 크기(33,900원, 지름이 33cm)인 피자가 있다고 하자. 이들 피자를 가격대비 가장 많은 양을 사는 방법이 있을지 알아보자. 피자의 넓이는 지름의 제곱에 비례하므로

$$M : L = 25^2 : 33^2 = 625 : 1089 = 1 : 1.74 \text{[2]}$$

이다. 따라서 L 크기의 피자가 M 크기의 피자보다 약 74% 정도 양이 많다고 볼 수 있다. 이제 가격을 비교해보면 $\dfrac{L}{M} = \dfrac{33900}{28000}$ $= 1.21$이므로 가격대비 L 크기의 피자가 이익이라고 할 수 있다.

M, 25cm L, 33cm

💡 바코드

마트에 진열된 거의 모든 제품에는 바코드(barcode)가 붙어있다. 바코드는 다양한 폭을 가진 바(검은 막대)와 스페이스(흰 막대)의 배열의 형태로 일종의 정보를 표현하는 부호이다. 바코드로 정보를 표현하고 이를 해독하는 일은 바코드 장비를 통해 가능하므로 바코드는 기계언어라 할 수 있다. 바와 스페이스는 그 폭에 따라 1개 또는 여러 개의 이진수 비트(0 또는

---

2 원의 넓이는 $25^2\pi$와 $33^2\pi$이지만 비율에 대한 문제이므로 π는 안 보인다.

1)로 바뀌게 되고 이들의 조합으로 정보를 나타낸다.

바코드는 처음에 슈퍼마켓의 관리를 효과적으로 하기 위해 상품의 겉에 표시하도록 고안되어 오늘날 전 산업계에서 널리 사용되고 있다.

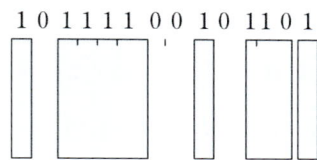

1932년 미국 메사추세츠주에 거주하는 식료품 도매상의 아들인 플린트(w. Flint)는 하버드대학교에서 〈슈퍼마켓의 계산자동화〉에 대한 논문을 썼다. 계산자동화의 이점을 문서화한 최초의 시도였으나 경제적인 타당성이 부족하여 실제 활용되지는 못했다. 그러나 그는 뒤에 미국 식품체인연합회의 부사장이 되어 UPC(uniform product code)와 심벌의 표준화를 위한 연구에 지원을 아끼지 않았다. 한편 조 우드랜드(Joe Woodland)와 버니 실버(Berny Silver)는 식료품 가격의 계산을 자동으로 하는 기술적 방법을 연구했으며 1949년 그들의 연구 내용을 미국 특허에 등록했다. 그들이 고안한 내용은 "황소 눈 코드"라고도 부르는데 개념적으로 오늘날의 바코드와 같은 것이다. 그러나 당시의 경제상황이나 기술적 문제로 실용화되지는 못했다.

  1950년 말과 60년대 초에는 오늘날의 바코드와 유사한 여러 종류의 표시 방법들이 제시되었고 60년대 말에는 많은 회사와 개인들이 슈퍼마켓의 자동화 시스템 개발을 시작하였다. 1972년 초 RCA사는 황소 눈 형태의 심벌과 스캐너를 개발하여 슈퍼마켓인 크로거(Kroger)에 이를 설치하고 18개월 동안 시험 운영하였는데 비용절감과 시스템 개선에 관련된 많은 자료를 얻게 되었다. 1974년 UPC 심벌을 판독할 수 있는 최초의 스캐너를 오하이오주에 있는 마쉬(Marsh)슈퍼마켓에 설치하였다. 이어서 1980년에는 식료품의 90%가 UPC 심벌을 부착하게 되었고 1985년 말까지는 12000여 개의 점포에 스캐너가 설치되었다. 그사이 바코드 심벌의 크기를 줄이는 노력을 계속 시도하였다.

  바코드는 컴퓨터가 읽고 입력하기 쉬운 형태로 만들기 위하여, 문자나 숫자를 흑과 백의 막대 기호와 조합한 코드로 컴퓨터가 판독하기 쉽고 데이터를 빠르게 입력하기 위하여 쓰인다. 이것은 광학식 마크판독장치로 자동 판독되어 입력된다. 세계상품코드(UPC : universal product code)를 따르는 상품의 종류 표시, 슈퍼마켓 등에서 매출정보의 관리(POS point of sales system) 등에 이용된다. 가격은 별도로 표시되며 도서 분류, 신분증명서 등에도 이용된다.

기존의 바코드 판독에는 헤드 스캐너가 사용되었으나, 최근에는 레이저식이 주류를 이룬다. 레이저식에서는 판독장치 위에 바코드가 인쇄된 상품을 통과시킴으로써 코드가 자동판독되어 작업을 능률화할 수 있다. 바코드는 가로 3.73cm, 세로 2.7cm 크기를 표준으로 0.8~2배까지 축소, 확대할 수 있다.

바코드에도 여러 종류가 있으며, 일반적으로 쓰이는 것은 13자리로 구성된 'EAN 코드'이다. 국가번호가 포함되어 있는 바코드는 바코드의 종류 중 'EAN 코드'이며 총 13자리로 구성되어 있다. 국가식별코드는 국제상품코드 관리기관(EAN International)이 각국 코드관리기관(Numbering Organization)에 부여하는 코드로서 880은 한국 코드관리기관인 (재)한국유통정보센터(EAN Korea)를 나타낸다.

(1) 국가식별 코드: 앞 3자리, 880

첫 3자리 숫자는 국가를 식별하는 코드로 대한민국은 항상 880으로 시작되며 세계 어느 나라에 수출되더라도 우리나라 상품으로 식별된다. 그러나 국가식별코드가 원산지를 나타내는 것은 아니다. 1981년까지 EAN에 가입한 국가는 국가식별코드가 2자리이며 1982년 이후에 가입한 국가는 국가식별코드가 3자리이다. 예를 들어 다른 나라의 국가식별코드는 다음과 같다.

미국, 캐나다 : 000 − 139
프랑스　　 : 300 − 379
독일　　　 : 400 − 440
일본　　　 : 450 − 459 & 490 − 499
영국　　　 : 500 − 509

(2) 제조업체코드: 6자리, 200707

6자리 제조업체코드는 한국유통물류진흥원에서 제품을 제조하거나 판매하는 업체에 부여하며 업체별로 고유코드가 부여되기 때문에 같은 코드가 중복되어 부여되지 않는다.

(3) 상품품목코드: 3자리, 012

제조업체코드 다음의 3자리는 제조업체코드를 부여받은 업체가 자사에서 취급하는 상품에 임의적으로 부여하는 코드이며 000-999까지 총 1000품목의 상품에 코드를 부여할 수 있다.

(4) 체크디지트: 마지막 1자리, 1

스캐너에 의한 판독 오류를 방지하기 위해 만들어진 코드로 바코드가 정확하게 구성되어 있는가를 보장해주는 컴퓨터 체크디지트(check digit)를 말한다. 왼쪽부터 홀수 번째 자릿수의 숫자의 합을 m이라 하고 왼쪽부터 짝수 번째 자릿수의 숫자의 합을 n이라 할 때

$$m + 3n$$

이 항상 10의 배수가 되도록 숫자를 부여한다. 앞의 그림에서 체크디지트는

$$m = 8 + 0 + 0 + 7 + 7 + 1 + 1 = 24$$
$$n = 8 + 2 + 0 + 0 + 0 + 2 = 12$$

이므로 $m + 3n = 24 + 3 \times 12 = 60$이 되어 올바른 바코드이다.

💡 사면체 우유

마트나 편의점에서 삼각팩 형태의 우유를 볼 수 있다. 왜 이런 모양을 하고 있을까? 수학에서는 삼각팩이라는 용어보다 사면체 또는 삼각뿔이 더 익숙할 텐데, 일반적인 사면체와 삼각팩의 차이점은 단면의 모양이다. 사면체는 4개면이 모두 이등변 삼각형이고 모두 합동이다. 사면체의 전개도에서 $\overline{AB}=2=\overline{AC}$ 라고 한다면 $\overline{AC}=\overline{AD}=\overline{BC}=\overline{BD}=\sqrt{3}$ 이다. 이 구조는 용기를 생산할 때 자투리 없이 만들 수 있고 다수의 팩을 보관할 때 빈틈없이 오밀조밀 담을 수 있다는 장점을 갖고 있다. 이와 같은 사면체 모양의 팩은 비용절감과 보관과 배달에 편리한 최적의 형태이다.

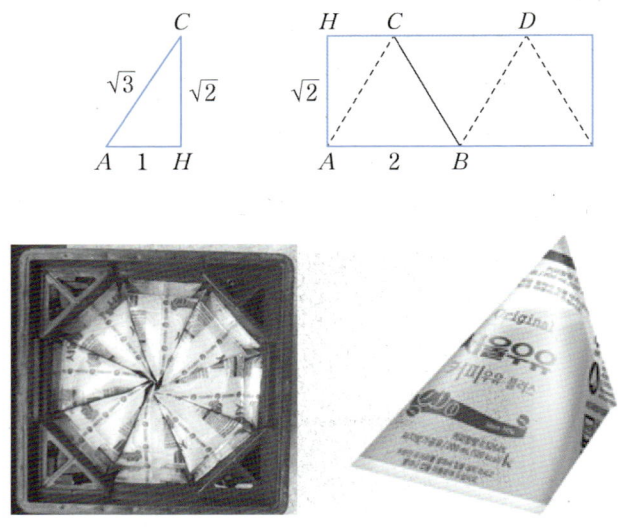

💡 티라미수 나누기

세 명의 친구가 즐거운 쇼핑을 마치고 간식거리를 먹으러 즐겁게 향하고 있었다. 마침 세 명의 의견이 일치하는 간식으로 맛있는 티라미수(tiramisu)가 결정되었지만 불행하게도 이 가게에는 한 개만 남아있었다. 이제 세 명이 수학적으로 공평하게 나눠보자.

 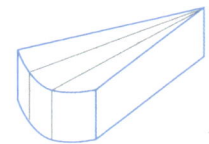

오른쪽 그림처럼 나누면 공평할 것 같지만 뭔가 불안하다. 좀 더 정확하게 나누려면 이차함수 $y = x^2$을 이용하면 된다.

이 간단한 이차함수는 모두에게 공평함을 준다. 이때 사용되는 수학적 아이디어는 다음과 같다.

"닮은꼴 삼각형의 넓이는 한 변의 길이의 제곱에 비례한다."

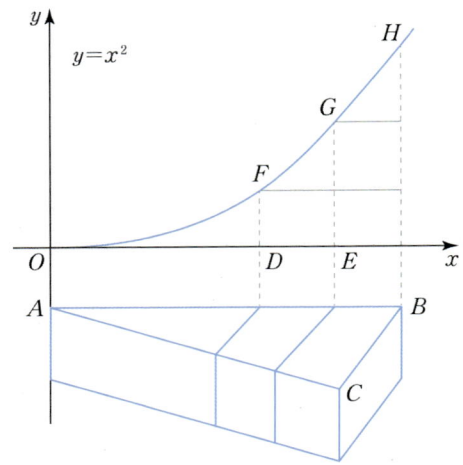

　그림에서 삼각형 ABC의 꼭짓점을 xy 평면 위의 원점 O 바로 아래 오도록 하면서 변 AB가 x축과 평행하도록 둔다. 그러면 꼭짓점 B 바로 위에 포물선과의 교점인 H를 구할 수 있다. 이때 x축에서 H까지의 길이(높이 BH)를 3등분하여 각각의 값을 y로 하는 포물선 위의 두 점 F, G를 구한다. 다음으로 두 점 F, G에서 수직으로 내린 x축 위의 두 점 D, E를 기준으로 해서 티라미수를 변 BC에 평행하게 자르면 정확하게 세 조각으로 나눌 수 있다.

💡 녹색신호 잘 받고 집으로

차를 타고 이동하는 동안 사거리의 신호등은 왜 항상 내 앞에서 빨간신호일까? 어느 도로의 신호등은 2km마다 설치되어 있고 녹색신호는 2분, 노란색이 5초, 이후에 빨간 신호가 45초 간격으로 작동하고 있다고 하자. 지금 빨간 신호에 서있던 차가 녹색 신호가 들어오면서 바로 출발했을 때, 앞으로 나올 다음 신호에서 모두 녹색 신호로 통과하려면 어떻게 해야 할까?

2분 + 5초 45초의 간격이 되풀이되므로 각 신호의 주기는 2분 50초, 즉 170초이다. 간격이 2km이므로

$$2 \div \frac{170}{3600} \approx 42.35$$

가 되어 차의 속력이 42km/h 정도일 때 모든 신호를 녹색신호로 통과할 수 있게 된다. 신호등 설치 위치와 신호 변경 시간이 다를 때에도 이런 방법으로 즐겁게 도로를 통과할 수 있게 된다. 신호등 간격이 500m라면 더 느린 속력을 요구할 것이다. 천천히 가는 것만이 지름길이면서 즐거운 길이라는 것을 알 수 있다. 그러나 나를 더욱 힘들게 하는 것은 직진 신호와 좌회전 신호 사이의 노란색일 때 나는 항상 도로 한가운데 서있게 되는 것이다.

💡 25℃ 물로 손 씻기

외출하고 집에 와서 손이 씻고 싶다고 하자. 기왕이면 따뜻한 물을 쓰고 싶은데, 온도계가 없이도 마음에 드는 온도를 만들 수 있을까? 미지근한 물로 해결하기보다는 왠지 정확한 온도가 필요하다고 생각한다면 이렇게 해보자.

얼음물의 온도는 0℃이다. 반면에 끓는 물의 온도는 100℃임을 알고 있다. 두 물을 같은 양을 섞으면 50℃의 물이 된다. 0℃인 물 3과 100℃인 물을 같은 양을 섞으면 25℃의 물이 된다. 열의 총량은 변하지 않기 때문이다. T℃의 물을 원한다면 100℃인 물을 T만큼, 0℃인 물을 $100-T$의 비율로 섞으면 된다.

읽을거리

(1) 바코드용 체크디지트 만들기

바코드는 13자리의 숫자로 이루어진 표준형(GTIN-13)과 8자리의 숫자로 이루어진 단축형(GTIN-8)이 있다. 단축형은 소형 상품에 알맞게 만들어졌다. 이 두 가지 형식 모두 체크디지트는 반드시 필요하다. 간단한 식의 계산으로 체크디지트를 결정하는 방법을 알아보자.

① GTIN-13

$880123456789x$의 체크디지트를 구해보자.

(홀수 번째 숫자의 합)+3×(짝수 번째 숫자의 합)

이 10의 배수가 되어야 하므로

$(8+0+2+4+6+8+x)+(8+1+3+5+7+9)\times 3 = 127+x$

에서 $x=3$임을 알 수 있다.

② GTIN-8

$8801234x$의 체크디지트를 구해보자.

13자리의 경우와는 다르게

(짝수 번째 숫자의 합)+3×(홀수 번째 숫자의 합)

이 10의 배수가 되도록 결정한다.

$$(8+1+3+x)+(8+0+2+4)\times 3 = 54+x$$

에서 $x=6$임을 알 수 있다.

(2) 공평하고 평등한 언어, 수학

공평(equity)이란 기회나 물질적인 측면에서 어느 쪽으로도 치우치지 않음을 말한다. 예를 들어 "돈을 셋이서 공평하게 나누자"처럼.

평등(equality)이란 권리, 의무, 신분의 차별 없이 고르고 한결같음을 말한다. 수학은 온 인류, 온 우주에게 평등하고 공평한 언어이다.

> 📖 읽을거리

문화의 차별, 인식의 차별 이런 것은 매우 비수학적이다. 서로의 다름을 인정하는 것이 진정한 수학의 힘이다.

(3) 현재의 기호는 언제 만들어졌을까?

수학은 기호의 학문이라고도 한다. 엄청나게 많은 기호로 가득 찬 수학책은 멋진 예술품으로 보이기까지 한다. 어떤 사람에겐 두통을 유발하기도 하지만 말이다. 많은 기호들 중에서 지금 시대에 국제적으로 통용하는 기호의 시작을 알아보자. 기호의 등장과 시기에는 여러 가지 루머가 있고 다양한 이야기가 있지만 그중 몇 가지만 소개하려고 한다.

- $+$: 13세기 이탈리아 수학자 레오나르도 피사노가 고안했다. '그리고'라는 뜻을 가진 라틴어 'et'를 흘려 쓴 모습이라고 생각된다.
- $-$: 1489년 독일의 수학자 비트만(Jahannes Widman, 1462~1498)의 책에 등장한다. 상품의 총 중량이 얼마인지를 나타내는 가로 막대가 기원이며, 순수하게 빼기의 의미로만 쓰인 것은 1518년 오스트리아 수학자 그라마테우스(Henricus Grammateus)에 의해서라고

알려져 있다.

× : 영국의 수학자 오우트레드(William Oughtred, 1574~1660)가 쓴 책 《천국의 열쇠, Clavis Mthematice, 1631》에서 찾아볼 수 있다.

÷ : 1659년 스위스 수학자 랑(Johann Heinrich Rahn, 1622~1676)의 책에서 처음 등장한다. 이 기호는 분수의 모습에서 얻은 것으로 보인다.

= : 영국의 수학자 레코드(Robert Recorde, 1510~1558)가 그의 책 《지혜의 숫돌, The wietstone of Witte, 1557》에서 '서로 같음'을 나타내기 위해 사용했다. 이는 서로 평행한 두 직선에서 얻은 창의력의 결과이다.

$\sqrt{\ }$: 1525년 루돌프(Christoff Rudolff, 1499~1545)가 고안한 기호 $\sqrt{\ }$를 데카르트가 선을 추가하여 지금의 모습이 된 것으로 본다.

읽을거리

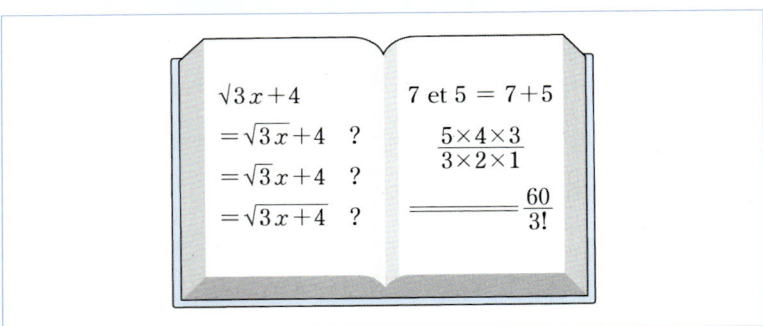

∘ : 각도를 나타내는 기호이다. 삼각자와 각도기가 없는데 갑자기 어떤 각도를 재야 한다면 손을 펼쳐보자. 최대한 크게 펼친 손 안에는

$$90°, \ 60°, \ 45°, \ 30°$$

가 들어있다.

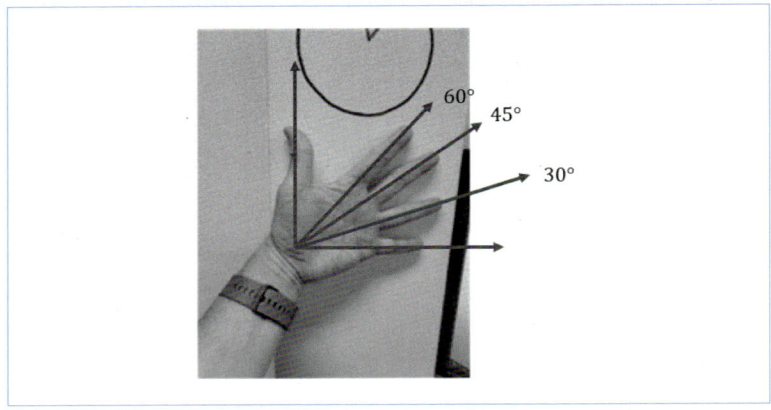

02

세상에서 열흘이 사라졌어

💡 양력과 음력

    과거 사람들에게 있어서 해가 뜨고 지는 것, 달이 뜨고 지는 것은 무한한 감동과 경외의 대상이었다. 어느 날 사람들은 계속되는 반복을 인식하게 되었다. 원시시대부터 태양의 움직임에 따라 밤과 낮을 구별하여 휴식을 취하거나 활동을 하는 하루라는 단위를 생각했음이 틀림없다. 시선을 달로 돌렸을 때 달의 위상의 변화를 알게 되었다. 달은 찼다 기울었다를 반복하면서 변화했고 한 달이라는 단위가 주목을 받게 되었다. 어두운 밤에 달이 커지고 작아지는 주기는 매우 중요한 생활의 근간이 되었을 것이다.

초기 문명의 발상지인 이집트나 메소포타미아, 인도는 상대적으로 낮은 위도 탓에 계절의 변화가 뚜렷하지 않았기 때문에 일 년이라는 단위는 그다지 관심을 끌지 못했다. 그러나 중국을 중심으로 한 온대 지역에서는 사계절의 변화가 뚜렷하고 계절에 따라 농사일은 준비하고 추진하기 위해 일 년의 주기를 정확하게 알고 있었다. 인류는 이런 과정을 거쳐 일(day), 월(month), 연(year)의 개념을 알게 된 후 종합적인 정돈된 자료를 원했다. 그 최종 자료의 작성에는 기본적으로 두 가지 기준이 있다.

① 달의 변화와 운행을 기준으로 하여 만들어진 음력(Lunar calendar)

② 공전 주기를 기준으로 하여 만들어진 양력(Solar calendar)

음력(또는 태음력)은 달이 지구를 한 바퀴 도는 주기를 약 29.3059일로 잡고 이것을 기준으로 하여 작성되었으며 작은 달은 29일, 큰 달은 30일로 정한 후 이들 12개월을 모아 일 년을 정하는 것으로 말 그대로 달력이다. 이렇게 만들어진 일 년은 354일밖에 되지 않으므로 태양의 운행에 의한 일 년과 11일의 차이가 발생하게 된다. 따라서 태양의 운행에 따라 나타나는 계절의 변화와는 맞지 않게 된다. 그럼에도 불구하고 우리나라, 중국, 일부 회교국에서는 여전히 달이 운행에 따른 풍습이나 명절[3]을 지키고 있다.

양력은 가상의 천구에 태양이 지나는 길인 황도(the ecliptic)의 운행 궤도 변화에 따라 정한 것이다. 그러나 실제로는 지구의 공전 주기에 따른 것이며 지구의 공전 주기인 약 365.2422일을 일 년으로 하고 이것을 12로 나누어 월을 정한 것이다.

음력이 월을 먼저 정하고 12개월을 모아 일 년을 만든 것이라면 양력은 일 년 365일을 먼저 정하고 이것을 12로 나누어 월을 정한다는 차이점이 있다.

---

[3] 설날, 삼짇날, 단오절, 칠석, 중양절, 정월보름, 칠월 백중, 팔월 한가위…

음력과 양력의 차이를 줄이고자 하는 노력에서 새로운 개념이 등장하게 된다. 음력의 일 년은 양력의 일 년보다 11일 정도 모자라기 때문에 3년마다 한 번씩 윤달을 넣어 음력 일 년을 13개월이 되도록 조정해서 양력과 그 길이를 맞추고 만들어진 태음태양력4이 있다. 2023년의 경우 1월이 29일인 것을 시작으로 매월 차례로 아래와 같은 2월에 윤달을 포함한 음력을 갖고 있다.

$$29 + 30 + 29 + 30 + 29 + 30 + 29 + 30 + 30 + 29 + 30 + 29 + 30 = 384$$

양력의 계절에 따른 기후 변화와 맞추기 위해 지구의 공전 궤도를 약 15°씩 끊어 24개의 점을 정하고 절기를 두고 있다. $15 \times 24 = 360$이므로 입춘을 시작으로 하여 15일 정도의 간격을 두고 24절기가 돌아오면 일 년이 완성된다.

---

4 우리나라는 태음태양력을 병행하고 있다.

▼ 절기에 따른 위도

황경	절기	황경	절기
315°	입춘	135°	입추
330°	우수	150°	처서
345°	경칩	165°	백로
0°	춘분	180°	추분
15°	청명	195°	한로
30°	곡우	210°	상강
45°	이하	225°	입동
60°	소만	240°	소설
75°	망종	255°	대설
90°	하지	270°	동지
105°	소서	285°	소한
120°	대서	300°	대한

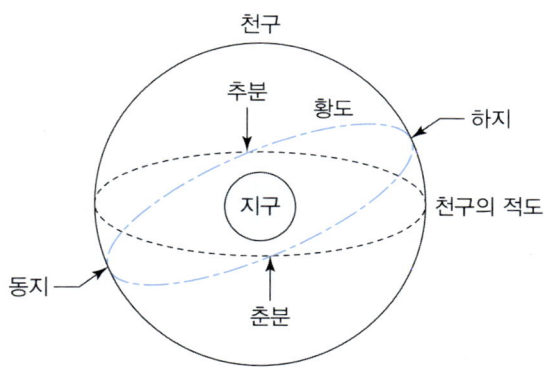

💡 그레고리력

1582년 그레고리오스 13세 교황은 부활절을 초대교회에서 기념한 시기에 맞추기 위해 달력을 조정했다. 율리우스력의 춘분이 실제 춘분과 10일 정도 차이가 나는 것을 알 수 있었다. 이에 따라 교회에서 부활절 날짜를 고정하는 문제가 심각하게 대두되었다. 그래서 4로 나뉘는 해를 윤년으로 정하고(2월 29일 하루를 추가), 동시에 100으로 나눈 해를 평년, 다시 400으로 나눈 해(1600년, 2000년)를 윤년으로 정했다. 수학적 오차는 없어졌지만 여전히 맞지 않았던 10일이 문제였다. 이탈리아, 스페인, 폴란드 등 많은 카톨릭 국가가 그해 10월 달력을 수정했다. 10월 5일에서 14일은 없애버림으로써 오차를 줄이기로 한 것이다. 10월 4일 밤에 잠든 사람들은 다음날 10월 15일에 일어나게 되었다. 갑자기 열흘이 사라져버린 것이다.

우리나라의 경우 1895년 김홍집 내각의 갑오개혁 차원에서 그레고리력을 채택하였으며, 1895년 11월 15일에 고종이 공식적으로 반포하여 1896년 1월 1일부터 양력을 사용하게 되었다.

💡 요일 맞추기

기념할 만한 또는 기념해야 할 특별한 어떤 날이 무슨 요일인지 궁금하다면 수학의 힘을 빌려 맞춰보자. 여기에는 몇 개의 비밀번호가 필요하다.

(1) 달(month)의 비밀번호

월	비밀번호	월	비밀번호
1	1	7	0
2	4	8	3
3	4	9	6
4	0	10	1
5	2	11	4
6	5	12	6

(2) 연도(year)의 비밀번호

해당연도	비밀번호
1800.1.1.~1899.12.31.	2
1900.1.1.~1999.12.31.	0
2000.1.1.~2099.12.31.	6

(3) 요일(day of the week)의 비밀번호

요일	비밀번호
일	1
월	2
화	3
수	4
목	5
금	6
토	0

이제 특별한 날의 요일을 맞추는 과정을 예를 들어 알아보자. 제24회 서울 올림픽은 1988년 9월 17일에 개최되었다. 이 날이 무슨 요일일까? 다음 순서대로 따라가다 보면 그 요일이 토요일임을 알게 된다.

〈순서〉

① 연도의 뒷 두 자리를 쓴다. ➡ 88

② 88을 4로 나눈 몫을 쓴다. ➡ 22

③ 9월의 비밀번호를 쓴다. ➡ 6

④ 연도의 비밀번호를 쓴다. ➡ 0

⑤ 위 숫자를 모두 더하고 17(일)을 합한다.
   ➡ $88+22+6+0+17=133$

⑥ 133을 7로 나눈 나머지를 쓴다. ➡ 0

⑦ 나머지에 얻은 숫자 0이 요일을 알려주는 비밀번호이다.

따라서 서울 올림픽은 토요일에 개최되었다는 것을 알 수 있다.

미래의 어느 날도 알아보자. 아무 의미 없이 선정된 2040년 6월 3일은 무슨 요일일까? 다음 순서대로 구해보자.

① 연도의 뒷 두 자리를 쓴다. ➡ 40

② 40을 4로 나눈 몫을 쓴다. ➡ 10

③ 6월의 비밀번호를 쓴다. ➡ 5

④ 연도의 비밀번호를 쓴다. ➡ 6

⑤ 위 숫자를 모두 더하고 3(일)을 합한다.
   ➡ 40＋10＋5＋6＋3＝64

⑥ 64를 7로 나눈 나머지를 쓴다. ➡ 1

⑦ 1은 일요일에 해당된다.

이 방법은 1800년에서 2099년까지만 제한적으로 적용되지만 흥미로운 방법이다. 지금은 휴대폰이 모든 것을 알려주니까 굳이 이 방법까진 알 필요 없지만 그 계산 원리는 일상 속 수학 이야기로 재미있게 사용될 수 있을 것이다.

읽을거리

새로운 달력

우리가 사용하고 있는 태양력과 태음력 모두 약간의 오차가 있다. 1931년 제네바에서 현재의 그레고리력을 개정하려는 시도가 있었다. 1년을 13개월로 하고 1달을 28일로 한 것이다. $28 \times 13 = 364$이므로 하루는 전 세계가 공식적인 휴일로 정하면 된다. 그러나 13이 소수이므로 등분하는 데 불편함이 있었기에 결국 채택되지 못했다. 또 하나의 시도는 1년을 4등분하고 분기마다 3달을 두었다. 각 분기의 첫 달은 31일이고 나머지 두 달은 30일로 했다. 각 분기는 91일이고 $91 \times 4 = 364$일이다. 매년 마지막 날은 세계의 날로 정해 휴일로 한다. 이 또한 시행되지 못하고 있다.

03

이게 가능해?

역설이란 자기모순을 인도하는 논증, 자기모순을 포함하는 주장으로 일리가 있어 보이나 분명하게 모순되어 있거나 잘못된 결론을 이끌어내는 사고 또는 논증을 말한다. 역설은 현실과 현실이 어떻게 되어야 하는가에 대한 당신의 감정 사이의 충돌일 뿐이다. 여러 분야에서 재미있게 보이는 역설을 하나씩 찾아보자.

💡 문장의 역설

(1) 모든 크레타인은 거짓말쟁이다: 가장 오래된 역설로 에피메니데스(Epimenides, 57년간 잠을 잤다는 그리스인)가 한 말이다. 거짓말쟁이는 항상 거짓말만 하고, 참말을 하는 사람은 항상 참말만 한다고 할 때, 이 말은 모순이다.

* 이 문장은 거짓이다: 스스로를 부정하는 문장형식은 이런 역설이 명백함을 여실히 보여준다.

1947년 대학생 버카트(W. Burkhart)와 칼린(T. Kalin)은 세계 최초로 명제의 참, 거짓을 판별하도록 프로그램된 컴퓨터를 개발했다. 이 컴퓨터의 출력물은 '참, 거짓, 참, 거짓⋯.'이었다고 한다.

2023년 현재 (1) 문항에 대한 Chat GPT의 대답은 다음과 같다.

"이 문장은 명제이며, 논리적으로 생각할 때 모순이 발생하는 명제입니다. 만약 이 문장이 참이라면, 그 의미대로 '이 문장은 거짓이다'는 거짓이 되어야 하지만, 만약 이 문장이 거짓이라면 그 의미대로 '이 문장은 거짓이 아니다'가 되어야 합니다. 이러한 모순이 발생하므로, 이 문장은 참도 거짓도 될 수 없습니다. 이러한 명제를 '진리값을 결정할 수 없는 명제' 혹은

'모순명제'라고 부릅니다."

(2) 역설의 일반화: 철학자 조지무어(George Moore)는 일생에 단 한 번만 거짓말을 했다고 말했다. 그 내용은 어떤 사람이 무어에게
"당신은 항상 진실만 말합니까?"라고 물었을 때 무어는 "아니오."라고 답했다는 것이다.

(3) 플라톤과 소크라테스의 대화에도 역설이 보인다.

- 플라톤: 소크라테스의 다음 말은 거짓이다.
- 소크라테스: 플라톤이 한 말은 진실이다.

위의 역설의 일반화는 다음과 같다.
① A: 문장 B는 거짓이다.
　B: 문장 A는 진실이다.
② 초대장 앞면: 반대편에 적힌 말은 거짓입니다.
　초대장 뒷면: 반대편에 적힌 말은 진실입니다

그 외에 여러 곳에서 다음과 같이 모순이 넘쳐나는 문장들을 볼 수 있다.
① 벽에 써있는 "낙서금지"
② 예외 없는 법칙은 없다.
③ 모든 지식은 믿을 수 없다.

💡 상황의 역설

(1) 아기를 빼앗은 악어가 아기 엄마에게 한 말

악어 : 내가 아기를 잡아먹을지, 안 잡아먹을지 맞히면 아기를 돌려주마!
엄마 : 너는 내 아기를 잡아먹을 거야.

이때, 악어는 어떤 행동을 하든지 약속을 어긴 게 된다. 아기를 돌려주면 엄마가 틀린 것이므로 아기를 잡아먹어야 하지만, 잡아먹으려 하면 엄마가 맞힌 것이니 아기를 돌려주어야 한다.

(2) 세비아의 이발사

"나는 스스로 면도하지 않는 사람만 면도해준다."

본인은 어떻게 면도를 해야 하는가?

💡 달의 역설

달은 지구를 공전하면서 자전하고 있다. 달이 지구를 한 바퀴 돌았을 때, 달은 몇 번 자전하는가? 우리는 항상 달의 앞면만 볼 수 있기 때문에 달은 자전하고 있지 않다. 자전한다면 달의 뒷면을 볼 수 있어야 하지 않은가? 주위를 회전한다는 말에서 주위라는 말의 정의를 명확하게 하지 않으면 매우 다른 주장이 나올 수 있다.

예를 들어 지름이 같은 두 동전을 맞물려 놓고, 하나의 동전은 고정하고 다른 하나만 회전시킨다고 해보자. 이때 고정된 동전을 한 바퀴 돌고 온 동전은 모두 몇 바퀴 회전했는가? 그 답은 두 바퀴이다. 한 바퀴 돌았다고 생각한다면 다음 그림처럼 실험해보자.

같은 지름을 갖고 있는 두 원 A, B를 밀착시켜서 원 A는 고정하고 다른 원 B를 원 A의 둘레로 회전시켜 제자리로 돌아오게 할 때, 원 B는 당연히 1회전한다고 말하겠지만, 2회전한다.

💡 로스-리틀우드(Ross-Littlewood)의 역설

12시 1분 전에는 비어있던 항아리에 10개의 공을 추가하고 1개의 공을 제거한다. 12시 정각에 항아리에는 몇 개의 공이 들어있을까? (How many balls are in the vase(urn) at noon?)

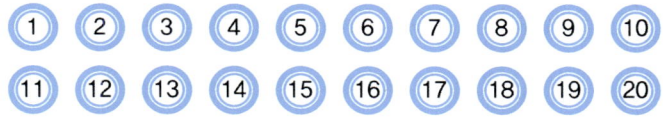

1단계는 오후 12시(정오)가 되기 30초 전에 시작한다.
2단계는 오후 12시(정오)가 되기 15초 전에 시작한다.
이와 같이 다음 단계는 앞 단계의 절반 시각에 시작한다.

즉, n단계는 오후 12시(정오)가 되기 2^{-n}초 전에 시작한다.

정답 ①: 10개의 공 가운데에서 가장 큰 수를 가진 공을 제거한다. 그러면 항아리에 공이 무한히 많게 된다.

각 단계에서 공의 수는 이전 단계에서보다 커지지만 실제로 공의 수가 이전 단계보다 줄어든 단계는 없다. 공의 수가 매번 증가하므로 무한 단계 실행 후에는 무한개의 공이 들어 있게 된다.

정답 ②: 아무 공이나 하나 제거한다. 그러면 항아리는 비어 있다.

1단계에서는 1번부터 10번까지의 공을 넣고 1번 공을 제거한다고 하자. 2단계에서는 11번부터 20번까지의 공을 넣고 2번 공을 제거한다. 12시까지 항아리에 들어가는 n이라고 표시된 공은 다음 단계에서 제거된다.

제논의 역설과 마찬가지로 정오에 무한히 많은 일이 진행되어야 한다면 정오는 오지 않을 것이다. 그런데 문제는 정오에 얼마나 많은 공이 남아 있는지를 물어보고 있다. 이는 정오에 도달할 것이라는 가정 아래서 이루어진 문제이기 때문이다.

모순이 발생하므로 문제의 답은 정할 수 없다.

💡 역설과 착시의 차이

독일의 작가이자 철학자인 칼 헴펠(Carl Hempel, 1905~1997)은 다음과 같이 까마귀의 역설을 발표했다.

"모든 까마귀는 검다."의 대우명제는
"검지 않은 것은 까마귀가 아니다."
All ravens are Black / All non-black things are non-ravens. If an object isn't black, then it is not a raven.

를 말한다. 헴펠에 의하면

"지금 내가 갖고 있는 펜이 빨간색이므로(이 펜은 까마귀가 아니다.) 따라서 모든 까마귀는 검다."

라는 것이 (논리적으로) 옳다는 것이다. 반면, 착시(illusion, optical illusion)는 다음과 같은 뜻을 동시에 갖고 있다.

① 시각적으로 나타나는 착각 현상: 어떤 사물이나 현상을 실제와 다르게 인지하는 감각적 착각
② 개념적 착각 현상: 사실이나 생각을 인식하는 개념적 착각

역설이 답을 구할 수 없는 상황인 반면, 착시현상은 어디에 오류가 있는지 답을 알 수 있다는 차이점이 있다. 그 답을 하나씩 밝혀가면서 착시현상에 대한 오류를 짚어보도록 하자.

💡 눈의 착시

아래 글 모음에서 물결 흐름이 보이는 것은 무엇 때문일까? 눈에 보이는 대로 믿어버린다면 글씨가 울퉁불퉁해지거나, 직선이 사선이 될 것이다.

그뿌뀨쑤뜌르흐느그뿌뀨쑤뜌르흐느그뿌뀨쑤뜌르흐느
그뿌뀨쑤뜌르흐느그뿌뀨쑤뜌르흐느그뿌뀨쑤뜌르흐느
그뿌뀨쑤뜌르흐느그뿌뀨쑤뜌르흐느그뿌뀨쑤뜌르흐느
그뿌뀨쑤뜌르흐느그뿌뀨쑤뜌르흐느그뿌뀨쑤뜌르흐느
그뿌뀨쑤뜌르흐느그뿌뀨쑤뜌르흐느그뿌뀨쑤뜌르흐느
그뿌뀨쑤뜌르흐느그뿌뀨쑤뜌르흐느그뿌뀨쑤뜌르흐느
그뿌뀨쑤뜌르흐느그뿌뀨쑤뜌르흐느그뿌뀨쑤뜌르흐느
그뿌뀨쑤뜌르흐느그뿌뀨쑤뜌르흐느그뿌뀨쑤뜌르흐느
그뿌뀨쑤뜌르흐느그뿌뀨쑤뜌르흐느그뿌뀨쑤뜌르흐느
그뿌뀨쑤뜌르흐느그뿌뀨쑤뜌르흐느그뿌뀨쑤뜌르흐느
그뿌뀨쑤뜌르흐느그뿌뀨쑤뜌르흐느그뿌뀨쑤뜌르흐느
그뿌뀨쑤뜌르흐느그뿌뀨쑤뜌르흐느그뿌뀨쑤뜌르흐느

아래 일본어로 된 글 모듬에서 경사가 보이는 것은 무엇 때문일까?

猫マナー猫マナー猫マナー猫マナー猫マナー猫マナー
猫マナー猫マナー猫マナー猫マナー猫マナー猫マナー
猫マナー猫マナー猫マナー猫マナー猫マナー猫マナー
ーナマ猫ーナマ猫ーナマ猫ーナマ猫ーナマ猫ーナマ猫
ーナマ猫ーナマ猫ーナマ猫ーナマ猫ーナマ猫ーナマ猫
ーナマ猫ーナマ猫ーナマ猫ーナマ猫ーナマ猫ーナマ猫
猫マナー猫マナー猫マナー猫マナー猫マナー猫マナー
猫マナー猫マナー猫マナー猫マナー猫マナー猫マナー
猫マナー猫マナー猫マナー猫マナー猫マナー猫マナー
ーナマ猫ーナマ猫ーナマ猫ーナマ猫ーナマ猫ーナマ猫
ーナマ猫ーナマ猫ーナマ猫ーナマ猫ーナマ猫ーナマ猫
ーナマ猫ーナマ猫ーナマ猫ーナマ猫ーナマ猫ーナマ猫
猫マナー猫マナー猫マナー猫マナー猫マナー猫マナー
猫マナー猫マナー猫マナー猫マナー猫マナー猫マナー
猫マナー猫マナー猫マナー猫マナー猫マナー猫マナー

💡 식의 착시

식을 잘못 세우거나 연산의 규칙을 제대로 적용하지 못하면 엉뚱한 결과를 가져오게 된다. 다음 문제들을 풀어보자.

(1) 오래된 그릇은 30개를 1000원에 2개씩 팔고, 다른 그릇 30개는 1000원에 3개씩 팔았다. 이때 판매 금액은 한쪽은 15000원, 다른 쪽은 10000원이라서 합계 25000원이었다. 다음날 그릇 60개를 5개에 2000원을 받고 팔았다. 이때의 합계는 24000원이다. 왜 그런가?

그 해법은 다음과 같다.

A 그릇 하나의 가격을 $\frac{b}{a}$ 라 하고, B 그릇 하나의 가격을 $\frac{d}{c}$ 라고 하면 두 집단으로 나누었을 때 그릇 하나의 평균 가격은 $\frac{\frac{b}{a}+\frac{d}{c}}{2}$ 이고 묶어서 팔았을 때 그릇 하나의 평균 가격은 $\frac{b+d}{a+c}$ 이다.

만약 $a > c$ 이면 그릇을 묶어서 파는 게 더 많은 이익을 낼 수 있다.

만약 $a < c$ 이면 그릇을 따로 파는 게 더 많은 이익을 낼 수 있다.

서로 다른 품목을 한데 묶어서 판매하는 것을 살 때 그 이익과 손해를 잘 판단해야 한다.

(2) $x = 0$이라 하자. $0 \times 0 = 0$이므로 양변을 제곱하면 $x^2 = x$이다.

양변을 x로 나누면 $x = 1$이다. 따라서 $0 = 1$이다. 이때

$$\begin{aligned} 1 &= 1 + 0 \\ &= 1 + 0 + 0 \\ &= 1 + 0 + 0 + 0 \\ &\vdots \\ &= 1 + 0 + 0 + 0 + \cdots \end{aligned}$$

여기서 $0 = 1$이므로

$$\begin{aligned} 1 &= 1 + 0 + 0 + 0 + \cdots \\ &= 1 + 1 + 1 + 1 + \cdots \\ &= \infty \end{aligned}$$

수학에서 0으로 나누는 것은 있을 수 없다. 이것을 무시하면 위의 식처럼 엉뚱한 결과가 나온다. 항상 계산의 정의에 맞춰 해결해야만 정확한 계산을 할 수 있다.

(3) $9 \div 3(1+2)$

이 식의 답은 얼마일까? 수학적 우선순위와 괄호의 사용에 대한 이해가 필요하다. 보통 수학에서는 곱셈과 나눗셈이 덧셈과 뺄셈보다 먼저 계산되므로, 3과 $(1+2)$를 먼저 곱한 후에 9를 나누는 것이 일반적이다.

따라서,

$$9 \div 3(1+2) = 9 \div 3 \times 3 = 9 \div 9 = 1$$

이다. 그러나 이 문제는 괄호와 나눗셈 기호의 사용에 대한 혼동이 있을 수 있으므로, 더욱 명확하게 작성하기 위해서는 괄호 안의 식을 먼저 계산하고, 그다음에 나눗셈을 수행하는 것이 좋다. 즉,

$$9 \div 3(1+2) = 9 \div 3 \times 3 = 3 \times 3 = 9$$

이 된다.

(4) $2 \times 2 \div 2 \times 2$

이 식을 빨리 계산하라고 하면 냉큼 1이라고 답하는 경우가 있다. 성급함은 반드시 실수를 낳게 된다. 사칙연산에서 곱하기와 나누기는 왼쪽부터 차례로 하는 것이다. 정답은 4이다.

결과적으로 이 문제는 수식의 작성 방법에 따라 다른 답을 가질 수 있으므로, 수식을 명확하게 작성하는 것이 필요하다.

생활 속에 무심코 지나간 수학이 착시로 이어지지 않도록 꼼꼼히 잘 확인하도록 하자.

💡 통계의 착시

통계의 결과를 조심성 없이 이해하려 하면 잘못 해석을 낳게 된다. 예를 들어 치료법이 개발되지 않은 어떤 질병이 있다. 이 병에 걸린 건지 아닌지 확인을 위한 검사를 받았다.

양성판정 때 실제로 이 병에 걸렸을 확률은 과연 얼마나 될까?
① 유병률이 0.1%라고 하자(1000명 중 1명이 이 병에 걸렸다.).
② 피검사자가 총 10000명이다.
③ 검사의 신뢰도는 병에 걸렸을 경우 80%, 병에 걸리지 않았을 경우 90%이다.

이러한 조건에서 양성 반응이 나왔다면 당신이 이 병에 감염되었을 확률은 80%일까?
①-1 유병률이 0.1%이므로 10000명 중 10명이 감염되었다고 추정할 수 있다.

③-1 실제 검사에서는 검사의 신뢰도가 80%이므로 8명만 양성 반응을 보일 것이다.

①-2 유병률이 0.1%이므로 10000명 중 10명이 감염되었다면 9990명은 건강해야 한다.

③-2 병에 걸리지 않았을 경우 검사의 신뢰도는 90%이므로 건강한 9990명 중에서 10%인 999명이 가짜 양성 반응을 보인다.

따라서 검사받은 10000명 중에서 양성 반응을 보인 사람은 8+999=1007명이나 되지만, 그중에서 진짜 감염자는 8명이므로 양성 반응이 나왔을 때 진짜 감염되었을 확률은 $\frac{8}{1007}=$0.79%이다.

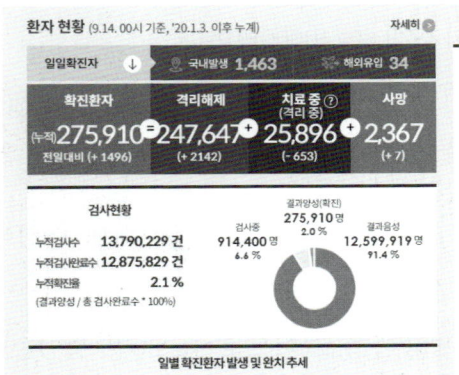

▲ 2021년 9월 14일 누진 확진율 2.1%(질병관리 본부)

코로나의 경우 PCR 검사에 적용되는 값(CT값)이 33 이상이면 가짜 코로나 양성 확진자가 속출한다. 미국 질병 관리센터에서는 이 값을 28 이하로 권고하고 있는데[5] ct값이 33 이상이면 코로나바이러스가 없음에도 양성 판정이 나올 수 있다. 우리나라는 CT값의 기준을 34 이하로 규정하고 있다.

💡 단위의 착시

"이번 토요일에 강수 확률은 50%이고 일요일에 비 올 확률도 50%이므로 이번 주말 강수 확률은 100%입니다."

"오늘은 화씨 25도이고 내일은 화씨 50도이므로 내일은 오늘보다 두 배 덥겠습니다."

"10개의 부품으로 이루어진 제품을 만드는데, 각 부품이 5%씩 올랐기에 전체 비용은 50% 증가했다."

위 사례를 보면, 분명 설명하는 단위는 수치가 올라 있지만 두 날짜 사이를 더해버리는 오류, 부품별 단가의 차이 등을 고려하지 않는 오류 등을 범하고 있다. 드러나 보이는 단위에 빠

---

[5] 이렇게 함으로써 미국의 코로나 백신 접종자가 코로나에 걸리지 않았다는 것을 강조할 수 있다. 세계적으로 확진자수가 줄어든 것도 이런 이유에서이다.

져 착시를 불러일으키는 것이다.

학교 갈 시간이 없다고 투정부리는 학생의 일과표를 들여다보았다. 이 학생은 학교에 갈 시간이 없음을 나름대로의 논리로 주장하고 있다.

① 하루의 $\frac{1}{3}$(8시간)은 잠을 잔다. 연간 122일은 잠을 자야 한다.

② 하루의 $\frac{1}{8}$(3시간)은 밥을 먹는다. 연간 45일은 밥을 먹어야 한다.

③ 일 년 중 $\frac{1}{4}$(91일)은 방학이다. 일 년 중 $\frac{2}{7}$(52주, 104일)는 주말이다.

④ 따라서 이것을 합치면 $122 + 45 + 91 + 104 = 316$이므로 학교 갈 시간이 없다.

그럴듯해 보이지만 이 일과표의 문제점은 중복된 시간을 하나도 계산하지 않았다는 오류가 적나라하게 보일 것이다.

읽을거리

(1) 2진법과 마법카드

M			
1	3	5	7
9	11	13	15
17	19	21	23
25	27	29	31

I			
2	3	6	7
10	11	14	15
18	19	22	23
26	27	30	31

S			
4	5	6	7
12	13	14	15
20	21	22	23
28	29	30	31

D			
8	9	10	11
12	13	14	15
24	25	26	27
28	29	30	31

H			
16	17	18	19
20	21	22	23
24	25	26	27
28	29	30	31

📇 읽을거리

임의의 카드 중 생각한 수가 있는 카드의 제일 위의 왼쪽에 있는 수를 단순히 더하기만 하면 그 수가 무엇이 있는지를 알아맞힐 수 있다. 이 카드의 원리는 이진법에 숨어있다. 이진법 다섯 자리 수로 표현할 수 있는 수는 0에서 $11111_{(2)}$까지이고, 각 자리의 수가 될 수 있는 값은 0과 1이다. 각각의 수를 이진법의 수로 나타내면 다음과 같다. 각 카드는 아래 표에 의해서 구성되어 있다.

0	$0_{(2)}$	8	$1000_{(2)}$	16	$10000_{(2)}$	24	$11000_{(2)}$
1	$1_{(2)}$	9	$1001_{(2)}$	17	$10001_{(2)}$	25	$11001_{(2)}$
2	$10_{(2)}$	10	$1010_{(2)}$	18	$10010_{(2)}$	26	$11010_{(2)}$
3	$11_{(2)}$	11	$1011_{(2)}$	19	$10011_{(2)}$	27	$11011_{(2)}$
4	$100_{(2)}$	12	$1100_{(2)}$	20	$10100_{(2)}$	28	$11100_{(2)}$
5	$101_{(2)}$	13	$1101_{(2)}$	21	$10101_{(2)}$	29	$11101_{(2)}$
6	$110_{(2)}$	14	$1110_{(2)}$	22	$10110_{(2)}$	30	$11110_{(2)}$
7	$111_{(2)}$	15	$1111_{(2)}$	23	$10111_{(2)}$	31	$11111_{(2)}$

💡 마법카드의 비밀

카드 M은 1의 자리가 1인 수이고, 1의 자리가 0인 수는 없다.
카드 I는 2의 자리가 1인 수이고, 2의 자리가 0인 수는 없다.

카드 S는 2^2의 자리가 1인 수이고, 2^2의 자리가 0인 수는 없다.

카드 D는 2^3의 자리가 1인 수이고, 2^3의 자리가 0인 수는 없다.

카드 H는 2^4의 자리가 1인 수이고, 2^4의 자리가 0인 수는 없다.

(2) 착시를 응용한 문제

① $(x-a) \times (x-b) \times \cdots \times (x-z)$는 얼마인가?

② 휴대폰 속의 전화번호를 모두 곱하면 얼마인가?

③ $\sqrt{x+\sqrt{x+\sqrt{x+\sqrt{\cdots}}}} = 3$을 만족하는 x는 얼마인가?

💡 정답

① 영어 알파벳으로 쓰인 식이므로

$(x-a) \times (x-b) \times \cdots \times (x-x) \times (x-y) \times (x-z) = 0$이다.

② 숫자판에 0이 포함되어 있으므로 모두 곱하면 0이다.

③ 양변을 제곱하면

$x + \sqrt{x+\sqrt{x+\sqrt{\cdots}}} = 9$이다.

이때 $\sqrt{x+\sqrt{x+\sqrt{x+\sqrt{\cdots}}}} = 3$이므로

$x + 3 = 9$에서 구하는 $x = 6$이다.

 읽을거리

(3) 펜로즈의 착시 도형

▲ 펜로즈의 삼각형

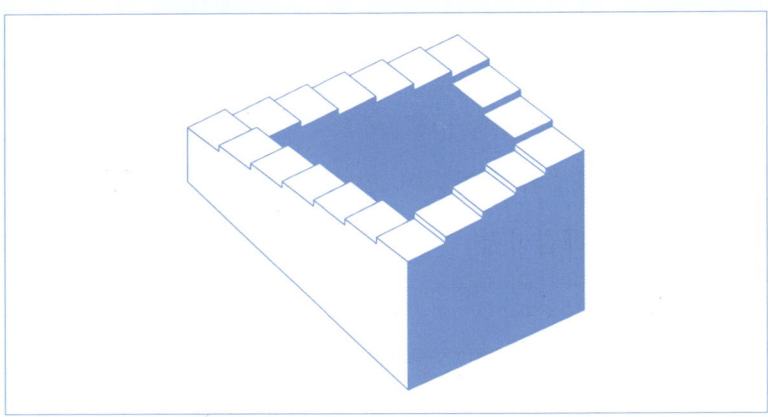

▲ 펜로즈의 사각형

CHAPTER

04

하늘을
수학하자

01 보이저가 보이나?
02 태양계에서 이런 일이?
03 우주는 몇 차원?

우주 저 멀리에는 지구와 같은 문명이 존재할까? 동화 〈곰 세 마리〉에 등장하는 골디락스*처럼 지구와 같은 골디락스 영역에 어떤 행성이 있지는 않을까? 우리에게 우주는 무한의 상상이 가득한 영역일 수밖에 없다.

* Goldilocks

01
보이저가 보이나?

💡 무한집합

수학자 칸토어[1]는 집합론과 무한 이론이라는 수학의 새로운 분야를 연구했다. 이 개념은 공간, 극한, 연속, 미분과 적분을 창조하는 기반이 되었다고 여겨지고 있다.

▲ 칸토어

---

[1] Georg Ferdinand Cantor, 1854~1918

칸토어는 1874년 〈실대수적 전체 모임의 성질에 대해〉라는 연구를 통해 아래와 같은 두 가지 무한 모음을 소개하였다.

셀 수 있는(countable, denumverable)
: 자연수 전체의 모음과 일대일 대응이 존재, 가장 작은 종류의 무한대 $\mathbb{N} \subset \mathbb{Z} \subset \mathbb{Q}$ $\aleph_0$

셀 수 없는(uncountable, non-denumverable)
: 실수의 모임 $\mathbb{R}$ $\aleph_1$

칸토어의 묘비에는 아래 그림이 그려져 있다.

묘비의 오른쪽 부분을 확대하면

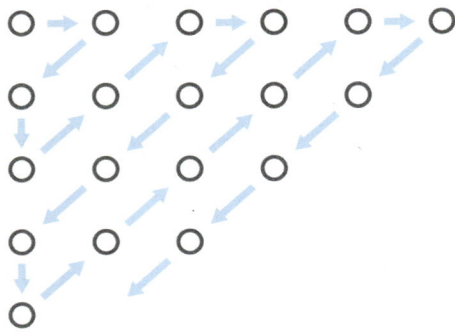

위 그림과 같이 서로 연계되고 있음을 알 수 있다. 이는 자연수 집합과 유리수 집합이 일대일 대응임을 그려낸 것이다. 실제로 동그라미 부분에 유리수를 써넣어보면 그 이유를 알 수가 있다.

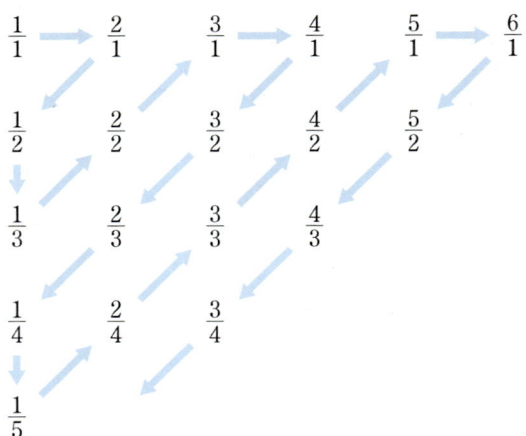

▲ 칸토어의 대각화 증명(Diagonalization denumerability)

한 수에서 다른 수로 화살표를 계속 이어나가면 모든 자연수와 유리수가 일대일 대응하게 된다. 즉, 1/1은 1과 짝이 되고, 2/1은 2와 짝이 되고, 1/2는 3과 짝이 되는 과정이 이어진다. 중복된 자연수가 있기는 하지만 이들을 하나로 본다면 자연수와 유리수는 일대일 대응하게 된다. 자연수 혹은 정수보다 유리수가 더 밀도가 높다는 것을 알고 있기 때문에 유리수가 훨씬 더 많다고 느껴지지만 위의 칸토어의 증명에는 잘못된 부분이 없다. 즉, 정수의 무한의 단계는 유리수의 무한의 단계와 동일하다. 이처럼 무한의 성질은 우리가 일상에서 체험할 수 없는 불가사의함을 간직하고 있다.

1874년 칸토어는 직선 위의 모든 실수와 정수 사이에는 일대일 대응관계를 발견할 수 없음을 증명하였다. 예를 들어 [0,1] 사이의 수가 많을까? 실수 전체 수가 많을까? 이 질문에 대한 답은 실수의 무한성에서 확인할 수 있다.

0과 1 사이의 모든 수를 다음과 같이 늘어놓아 보았다.

$a_1 = 0.31423498\cdots$

$a_2 = 0.11445566\cdots$

$a_3 = 0.23987136\cdots$

$a_4 = 0.73735304\cdots$

⋮

목록에서 무한히 많은 각각의 수에서 하나의 숫자를 취해서 하나의 새로운 대각선 수를 만들어보자.

$a_1 = 0.3 1423498\cdots$에서는 첫 번째 소수 부분을,

$a_2 = 0.1 1445566\cdots$에서는 두 번째 소수 부분을,

$a_3 = 0.23 987136\cdots$에서는 세 번째 소수 부분을,

$a_4 = 0.737 35304\cdots$에서는 네 번째 소수 부분을 찾아서 새로운 대각선 수 a_N을 만들었다.

$$a_N = 0.3193\cdots$$

칸토어는 이 대각선 수의 각 숫자에 1을 더해서 새 수를 얻었다. 이 수는

$$a = 0.4304\cdots$$

이다. 이 새로운 수 a는 위의 목록에 있는 모든 수와 다르다. 목록에 있는 모든 각각의 수에서 취한 특별한 숫자에 1을 더했기 때문에 적어도 1만큼은 다른 것이다. 그러므로 0과 1 사이의 모든 수를 열거하는 것은 불가능하다. 모든 실수의 크기가 모든 정수와 무든 유리수의 합집합의 크기보다 더 크다는 것을 증명한 것이다.[2]

---

2 칸토어는 모든 실수 집합이 모든 정수의 집합보다 얼마나 큰지는 알 수 없었다.

💡 지수

우리 주변에서 지수로 나타나는 다양한 상황들을 알아보자.

(1) 종이를 42번 접으면 달까지 갈 수 있다.

① A4 종이의 두께를 재보자.
(풀이) 종이를 1cm 두께로 쌓아둔다. 종이의 매수로 나눈다. 대략 A4용지의 두께는 0.1mm이다.
② 42번을 접으면 총 두께는

$$0.1 + 0.2 + 0.4 + 0.8 + \cdots + (\frac{2^{41}}{10}) = \sum_{n=0}^{41} \frac{2^n}{10} = 439804651110.3$$

이다. 이것은 약 439805km 정도이다. 지구에서 달까지의 거리가 약 385000km[3]이므로 얇은 종이를 42번 접은 것만으로 우리는 달에 닿을 수 있는 거리를 확보한 셈이다.

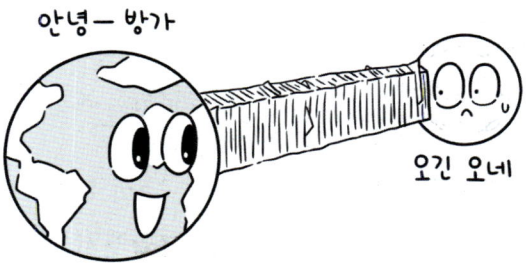

---

[3] 현재 조금씩 다르게 계산된 여러 가지 수치가 존재한다.

(2) 약의 지속 시간

약 복용 시 주의 사항에는 "하루 몇 번 식전 (후)에 복용하세요." 또는 "6시간 이상 경과 후 복용하세요.", "찬물(미지근한 물)로 복용하세요.", "가루(알약) 형태로 복용하세요." 등과 같이 다양한 주문 사항이 있다. 여기서 우리는 이런 궁금증이 들곤 한다.

"약 복용시간과 횟수는 어떻게 정하는가?"

증상에 따라 진통제의 종류가 달라져야 한다. 갑작스러운 통증에는 빠른 효과를 나타내는 것으로, 오랜 시간 아플 때에는 장시간 효과를 나타내는 것으로 정해야 한다. 즉, 약으로 인한 효과의 지속시간이 중요하다. 복용한 약이 어느 정도의 농도가 되었는지를 알아볼 때 '반감기 지표'를 사용한다. 대부분 약은 반감기의 4~5배의 시간이 지나면 효과가 사라진다. 또한, 약이 어떻게 효과를 나타내는지를 알려면 혈중(약의) 농도를 계산해야 한다.

$C = C_0 \times e^{-kt}$ (혈중 농도)

C_0는 초기 혈중 농도
e는 자연지수
k는 소실 속도 상수
t는 시간

(3) 자동차 배기가스

탄화수소, 질소 화합물, 일산화탄소 등으로 이루어진 배기가스는 광화학 스모그의 원인이기도 하다. 특히 경유를 사용하는 차량의 경우 배출되는 배기가스를 정화하기 위해서 차량용 요소수[4]를 사용하는데 이 요소수는 질소화합물과 만나게 되면 질소와 물로 분해하는 성질을 가지고 있다. 이러한 화학 반응을 예측하기 위한 식으로 반응 속도와 온도와의 관계를 정리한 아레니우스[5]식은

$$k = A \exp\left(-\frac{E_a}{RT}\right)$$

로 나타난다. 여기에서 k는 반응 속도상수이고, A는 상수, E_a는 1몰당 활성화 에너지이다. 또 R은 기체 상수이며 T는 절대 온도를 말한다. 이 화학 반응식은 온도가 올라감에 따라 반응 속도가 급격하게 빨라지는 것을 의미하며 어떤 촉매를 사용해야 효율적 화학반응을 할지도 결정할 수 있다. 여기에서도 지수가 쓰이고 있음을 보여주고 있다.

---

[4] DEF, Diesel exhaust fluid
[5] Arrhenius

💡 1보다 작은 양수

일상생활에서는 정수, 실제로는 자연수만 사용해도 거의 불편 없이 지낼 수 있다. 그렇지만 정밀한 측정을 위해 1분을 60초로 나누고 1초도 또다시 나누듯이, 길이와 무게 등의 작은 단위도 더 세분할 필요가 있다. 지수, 분수 그리고 소수는 이렇게 작은 양을 나타내기 위한 수 표기법이다. 작은 수로 표현되는 양은 실생활과 자연에서 쉽게 찾아볼 수 있는데, 예를 들어 식품 포장용 랩의 두께는 $2.5 \times 10^{-5} m$이고, 전자의 전하량은 $1.6 \times 10^{-19} C$(쿨롱, Coulomb)이다.

전류 1A가 1초 동안 전달되기 위해 필요한 전하량 1쿨롱

현재 소수 123.456은 '(일)백 이십 삼 점 사 오 육'과 같이 소수점 이하는 수사(數詞, 수의 이름)를 붙이지 않고 숫자만 읽고 있다. 그런데 이렇게 소수를 읽게 된 것은 자릿값이 있

는 인도·아라비아 수 체계의 효율적인 기수법에 따라 소수를 나타내는 방법이 발견된 뒤인데, 소수는 서양에서 16세기 후반에야 등장했다. 그 이전이나 다른 문명권에서는 작은 수를 나타내는 나름대로의 방법이 있어야 했다. 우선 일, 십, 백, 천, 만 등과 같이 큰 수를 위한 수사가 있듯이 작은 수를 위한 수사가 필요하다. 영어권에서는 tenth(0.1), hundredth(0.01), thousandth(0.001), millionth(0.000001) 등과 같이 큰 수의 수사에 'th'를 붙여 작은 수를 나타내는 데 만족했으며, 작은 수를 위한 별도의 수사는 만들지 않았다. 그렇지만 동아시아의 선조는 큰 수뿐만 아니라 작은 수의 이름을 만드는 데도 부지런했다. 동아시아의 전통 수학인 산학에서는 1 미만의 수를 소수(小數)[6]라 한다. 소수의 수사를 작아지는 순서로 나열하면 다음과 같다.

10^{-1}	10^{-2}	10^{-3}	10^{-4}	10^{-5}	10^{-6}	10^{-7}	10^{-8}	10^{-9}	10^{-10}	10^{-11}
分 푼	厘 리	毛 모	絲 사	忽 홀	微 미	纖 섬	沙 사	塵 진	埃 애	渺 묘

10^{-12}	10^{-13}	10^{-14}	10^{-15}	10^{-16}	10^{-17}	10^{-18}	10^{-19}	10^{-20}	10^{-21}	10^{-22}	10^{-23}
漠 막	模湖 모호	浚巡 준순	須臾 수유	瞬息 순식	彈指 탄지	刹那 찰나	六德 육덕	虛空 허공	淸淨 청정	永劫 영겁	天載一遇 천재일우

---

[6] 소수(素數, Prime number)와는 다른 개념이니, 헷갈리지 말길 바란다.

수유(須臾)부터는 불교와 인도의 영향을 받은 수사인데, 순식(瞬息)은 '눈 깜빡할 사이', 탄지(彈指)는 '손가락을 튀길 동안'을 뜻한다. 소수는 통상 사(沙)까지만 주로 사용되었고, 그 미만의 수사는 거의 사용되지 않았다.

이에 따라 진(塵) 이하의 수사는 세월이 지남에 나타내는 값이 바뀌고, 수사 자체가 바뀌기도 했다. 우리나라에서 19세기 중엽까지 분(分)은 0.1이고 리(釐)는 0.01이며 이와 같이 1/10씩 줄어들어 사(沙)는 0.00000001이고, 그 뒤부터는 1억분의 1씩 줄어들어 진(塵)은 10^{-16}, 애(埃)는 $10^{-24}\cdots$, 정(淨)은 10^{-128}이었다. 그러나 19세기 말부터는 사(沙) 이하도 1/10씩 줄어들어 진(塵)은 10^{-9}, 애(埃)는 10^{-10}, $\cdots$, 육덕(六德)은 10^{-19}이며, 허(虛)와 공(空)이 합쳐진 허공(虛空)은 10^{-20}, 청(淸)과 정(淨)이 합쳐진 청정(淸淨)은 10^{-21}을 나타내고 있다. 여기서 0.1의 수사인 분(分)은 '푼'으로 읽기도 했는데, 우리의 일상 언어에도 깊이 남아 있다. 예를 들면, "실력을 십분 발휘하다"에서 '십분(十分)'은 '충분히'를 뜻하는데, 실제로 십분은 비율로 나타내면 100%이다. '거의'를 뜻하는 '팔구분(八九分)'은 말 그대로 '열로 나눈 것 중에서 여덟이나 아홉'을 나타낸다. '꽤 많다'를 뜻하는 '다분(多分)하다'가 있고, '팔푼이'와 '칠푼이'의 뜻도 수량적으로 쉽게 설명할 수 있다. 위에서 나열한 수사를 이용하면 소수 '0.56789'는 '오분 육리 칠호 팔사 구홀'로 읽는다.

19세기 후반 이후 개화기의 우리나라 교과서들은 소수를 읽을 때 예외 없이 수사를 사용했는데, 이를테면

"0.345는 '기령[또는 콤마] 삼분 사리 오호'라 읽는다."

라고 명시하고 있다. 그 뒤 일제 강점기를 거치면서, 세계적 추세에 따라 간단한 소수에 대해서는 소수점 이하는 수사를 붙이지 않고 그냥 숫자만 읽고 있다.

위에서 소수의 이름은 '분리호사…'라고 했는데, '할푼리'와의 관계는 무엇일까? 현 초등학교 교과서에도 분명히 서술하고 있듯이, '할푼리'는 수가 아니라 야구에서의 타율과 같은 비율을 나타낼 때 사용한다. 할푼리는 일본의 고유한 비율의 단위로 개화기에 우리나라로 전래되었다고 한다. 일본에서는 리(釐)를 축약해서 리(厘), 모(毫)를 축약해서 모(毛)를 나타냈다. 그리고 비율을 나타내는 1/10은 할(割), 1/100은 푼

(分), 1/1000은 리(厘), 1/10000은 모(毛), 1/100000은 사(絲), 1/100000 은 홀(忽) 등과 같이 소수의 수사가 할푼리에서는 1/10씩 작은 값을 나타낸다. 소수는 1을 기준으로 했지만, 할푼리에서는 할을 기준으로 할의 1/10을 푼(分), 푼의 1/10을 리(厘)…와 같이 정하기 때문이다.

이에 따라 소수가 수를 나타낼 때와 비율을 나타낼 때를 엄밀하게 구분하려면, 그것을 읽는 방법이 달라야 한다. 예를 들어 '1의 1/8은 1/8이다'는 소수를 이용해서 '1의 0.125는 0.125이다'와 같이 나타낼 수 있는데, 가운데 0.125는 비율을 나타내고 마지막 0.125는 수를 나타낸다. 그러므로 이는 '1의 1할 2푼 5리는 1분 2리 5호이다'와 같이 읽어야 한다.

💡 아주 큰 수 읽기

수학의 역사에서 삼대 수학자[7]로 꼽히는 그리스의 아르키메데스(기원전 287~212)는 우주 전체를 완전히 채우는 데 필요한 모래알의 개수라는 엄청나게 큰 수를 계산했다고 한다. 이 거대한 수를 나타내는 데 당시의 그리스 수 체계가 불충분함을 알고, 만(myriad, Μύριοι)을 단위로 하고 이의 거듭제곱에 근거한 수 체계를 고안해서 이 거대한 수를 나타냈다고 한다.

---

[7] 아르키메데스, 뉴턴, 가우스

알파벳을 이용하는 그리스 수 체계는 수의 크기에 따라 새로운 문자와 기호를 할당하고 많은 알파벳을 나열해야 하기 때문에, 큰 수를 나타내기에는 매우 번거롭다. 사실 고대의 기수법(記數法) 대부분이 큰 수를 나타내는 데 적합하지 않았다. 고대의 기수법 중 로마의 기수법은 시계에서 주로 사용되어 전 세계에서 친숙한 기호이지만, 숫자가 커지면 읽기가 어렵다.

현재 우리가 사용하는 인도·아라비아 수 체계의 기수법은 오른쪽부터 1, 10, 100, 1000, ⋯의 자릿값을 정하고 열 개의 숫자 0, 1, 2, ⋯, 9를 사용해서 거대한 수들도 간편하게 나타낼 수 있다. 우주를 채우는 모래알의 수를 구했다는 아르키메데스의 계산이 맞는지 틀린 지는 중요하지는 않다. 단지 그 수를 현재의 십진법으로 나타내면 다음과 같다.

80000000000000000000000000000000000000000000000000000000000000000

이를 지수를 이용하면 8×10^{63}과 같이 아주 간결하게 나타낼 수 있다. 그런데 이렇게 거대한 수는 뭐라고 읽을 수 있을까? 예컨대 위의 숫자라면, 단순히 '팔 영영영영⋯(63번)'이라고 하기에는 숨이 차고, '팔 곱하기 십의 육십삼 제곱'이라고 읽기에는 무엇인가 아쉽지 않은가?

인도·아라비아 수 체계의 훌륭한 기수법과 효율적인 기수표기법을 사용하면 아무리 큰 수라도 어렵지 않게 나타낼 수 있다. 그렇지만 그 많고 큰 수들에 이름을 붙이는 방법은 별개의 문제이다. 수에 이름을 붙이는 방법을 명수법(命數法)이라고 한다. 1을 '일'이라고 하고 2를 '이', 10을 '십', 1000을 '천', 20090224를 '이천구만이백이십사'라고 부르는 방법을 말하며, 이 명수법은 당연히 나라마다 언어마다 다르다. 명수법이 있으려면 먼저 수를 부르는 이름이 있어야 한다. 그 수의 이름을 수사(數詞)라고 한다. 재미있는 점은 한 수사(數詞)가 나타내는 수는 명수법에 따라서 달라진다는 것이다.

흔히 미국의 billion과 영국의 billion이 나타내는 수가 다르다는 것을 들어본 적이 있을 것이다. 미국의 billion은 10억($=10^9$)을 뜻하지만, 영국의 billion은 원래 1조($=10^{12}$)를 뜻한다(최근에는 영국도 미국을 따라가는 추세라서 미국과 같이 10억인 경우도 있다). 여기서 billion은 동일한 수사(數詞)이다. 하지만 수에 이름을 붙이는 체계가 양쪽이 조금 다르기 때문에 결국 뜻하는 숫자가 달라지는 것이다.

우리가 속한 동아시아 문화권에는 아주 오래전부터 매우 풍요로운 수 이름을 확보하고 있었다. 동아시아의 전통 수학인 산학에서는 1 이상의 수를 대수(大數)라 한다. 대수의 이름을 커지는 순서로 나열하면, 일, 십, 백, 천, 만, 억, 조, 경, 해, 자, 양, 구, 간, 정, 재… 등이다. 재(載)까지는 이미 2세기 산학서인 《수술기유》, 4~5세기의 《손자산경》 등에 실려 있었다. 재 다음에 나오는 수사는 극, 항하사, 아승지, 나유타, 불가사의, 무량수이다. 이는 불교와 인도의 영향을 받았음을 알 수 있다. 중국 남북조 및 수·당 시대(316~907)에 인도로부터 불교가 전파되면서, 이런 수사가 불경을 통해 도입됐고, 송·원 시대에는 중국의 산학 책에 등장했다. 항하사(恒河沙)는 갠지스강의 모래, 아승지(阿僧祇)[8]는 불경 《화엄경》에서 나온 말로 무수겁(無數劫), 즉 헤아릴 수 없는 많은 시간을 뜻한다.

1	10	10^2	10^3	10^4	10^8	10^{12}	10^{16}	10^{20}	10^{24}	10^{28}	10^{32}
一 일	十 십	百 백	千 천	萬 만	億 억	兆 조	京 경	垓 해	秭 시	穰 양	溝 구

10^{36}	10^{40}	10^{44}	10^{48}	10^{52}	10^{56}	10^{60}	10^{66}	10^{68}
澗 간	正 정	載 재	極 극	恒河沙 항하사	阿僧祇 아승지	那由他 나유타	不可思議 불가사의	無量大數 무량대수

---

[8] 규범 표기는 '아승기'이다.

읽을거리

(1) 기수법

수를 나타내는 방법으로 현대에서는 대체로 아라비아 기수법을 사용하고 있다.

(2) 명수법

수를 읽는 방법으로 수의 이름을 이용한 명수법은 실제의 숫자에 대응하도록 하는 방법도 몇 가지 있었다. 상수(上數), 중수(中數), 하수(下數)라고 하는 방법이다.

하수란 일, 십, 백, 천, 만 등과 같이 만 뒤에도 10배마다 새로운 수사(數詞)를 사용하는 방법이다. 즉, 하수는 현재의 10만을 '십만'이라고 하지 않고, '억'이라고 한다. 현재의 100만은 '조'라고 한다. 1000만은 '경'이라고 하고, 1억은 '조'라고 하는 것이다. 예를 들어 123456789라는 수가 있다면 이것을 하수에 따라 읽으면 '일해이경삼조사억오만육천칠백팔십구'가 된다. 이런 하수의 단점은 수 이름을 너무 빨리 소모해서 더욱 큰 수를 읽으려면 새로운 수사를 자꾸 만들어야 한다는 것이다.

하수의 1경 = $10 \times 10 \times 10 \times 1만 = 10^7$ = 현재의 1000만

상수는 만 뒤에서 제곱할 때마다 새로운 수사를 사용하는 방법이다. 즉, 1만의 1만 배는 1억, 1억의 1억 배는 1조, 1조의 1조 배는 1경 등이다. 즉, 똑같은 수 이름이 겹쳐 나올 때까지는 더 큰 이름을 쓰지 않는 것이다. 상수는 '억억'이 되어야 조라는 이름을 쓰고 '조조'가 되어야 경이라는 이름을 쓰겠다는 것이다.

중수는 현재 사용하는 방법이 있고, 19세기 이전에 사용하던 방법이 있다. 현재의 중수는 4자리씩, 그러니까 만 단위로 끊어 읽는 방법이다. 우리는 이 방법을 사용하면 큰 수를 쉽게 읽을 수 있다.

우리가 아는 수 이름은 매우 많지만 일상생활에서 모두 사용하는 것은 아니다. 경제 뉴스에서 '경'이라는 단위를 심심치 않게 들을 수 있게 되었지만, 그래도 '해'나 '자'의 단위는 앞으로도 쉽게 들을 것 같지는 않다. 일상생활에서는 '만'이나 '억' 정도까지의 수이면 충분하다.

읽을거리

(3) 기수(cardinal number)와 서수(ordinal number)

기수란 개수를 세는 수로 하나(one), 둘(two), 셋(three) 등으로 총량을 표현하기 위해 사용한다. 서수란 순서를 나타내는 수로 첫째(first), 둘째(second), 셋째(third) 또는 일, 이, 삼으로 읽는다.

강아지 1마리, 아이 2명, 참새 3마리는 개수를 나타내므로 각각 한 마리, 두 명, 세 마리로 읽는다. 반면에 1학년, 2층, 3년은 순서를 나타내므로 각각 일학년, 이 층, 삼 년으로 읽는다. 24를 이십넷이라고 읽지 않아야 합니다.

02

태양계에서 이런 일이?

💡 갈릴레이의 증명

역사상 가장 오래 걸린 재판은 무엇일까? 그것은 아마도 갈릴레이에 대한 교황청의 재판일 것이다. 그 내막을 알아보자. 갈릴레오 갈릴레이(Galileo Galilei)는 1564년에 피사(Pisa)에서 플로렌스의 가난한 귀족의 아들로 태어났다. 그는 피사대학에 입학하며 의학에 관심이 있었는데 피사 성당의 천장에 매달린 커다란 청동 등불이 진동 폭과 무관한 주기로 앞뒤로 진동한다는 것을 알고 난 후, 깨달음을 얻어 관심을 수학으로 돌렸다. 갈릴레이는 25세 때 피사(Pisa) 대학의 수학 교수로 임명되었으며 교수로 재직하는 동안 낙하 물체의 공개 실험[9]

을 했다. 이 실험은 무거운 물체가 가벼운 물체보다 빨리 떨어진다고 말한 아리스토텔레스의 이론을 부정하기 위한 것이었다.

그는 사람들이 지켜보는 가운데 피사의 사탑 꼭대기에서 하나가 다른 것의 열 배 무게인 두 금속 물체를 떨어뜨렸는데, 두 물체는 같은 순간에 땅에 떨어졌다. 갈릴레이는 이 실험을 통하여 물체의 낙하 거리는 낙하시간의 제곱에 비례한다는 자유 낙하 공식 $s = gt^2/2$을 얻었다. 그러나 눈으로 확인한 그의 실험도 아리스토텔레스의 철학을 가르치는 다른 교수들의 믿음을 깨지는 못했고, 결국 갈릴레이는 그들과의 마찰로 1591년 피사 대학의 교수직을 사임했다.

9 오늘날 갈릴레이가 실제로 이 실험을 했는지에 관해서는 논란이 있다.

그 이듬해에 파두아(Padua) 대학교의 교수로 임용된 갈릴레이는 이 대학에서 거의 18년 동안 실험과 강의를 하며 명성을 쌓아갔다. 그는 파두아 대학에 재직하던 중 30배율 이상의 망원경을 만들어 태양과 여러 행성들을 관측하였다. 그 결과 이전까지 태양에는 아무런 결점이 없다는 아리스토텔레스의 가르침에 위배되는 태양의 흑점, 달에 있는 산, 금성의 위상변화, 토성의 고리, 목성의 네 개의 위성 등을 발견했다. 그의 발견 중 뒤의 세 가지는 태양계에 대한 코페르니쿠스(Copernicus, 1473~1543)의 지동설을 확인시켜주는 결정적인 증거들이다.

갈릴레이는 이런 발견들을 1632년에 《두 가지 주요한 체계(the Two Chief Systems)》라는 제목의 책으로 발표했고, 이 일로 아리스토텔레스의 철학을 옹호하고 있던 교회의 미움을 받게 되었다. 마침내 그는 1633년 종교재판에 회부되어 결국 그의 발견들을 철회한다고 선언했다. 전해오는 이야기에 의하면 갈릴레이가 이 재판에서 자신의 발견들을 철회하고 재판장을 나오면서 "그래도 지구는 돌고 있다."라는 말을 남겼다고 한다. 하지만 이것은 뉴턴이 떨어지는 사과를 보고 만유인력을 생각했다는 일화와 같이 후세 사람들이 갈릴레이를 미화시키기 위해 지어낸 말이다. 갈릴레이가 재판을 받은 후 그의 책은 교황청의 금서목록에 올랐다. 생애 내내 독실한 가톨릭 신자였던 그는 과학자로서 관찰과 추론에 의하여 얻은 결론이 교회로부터 성경에 위배되어 유죄판결을 받게 되어 상당히 괴

로워하였다고 한다.

　갈릴레이가 교회로부터 유죄판결을 받은 지 347년이 지난 1980년에 로마 교황청은 교황 요한 바오로 2세의 소집으로 갈릴레이가 이단이라는 유죄판결을 재검토하기 시작했다. 교황은 1982년 10월 갈릴레이의 교적을 공식적으로 회복시켰고, 13년에 걸친 연구 끝에 1992년에 교회가 갈릴레이를 비난한 것은 잘못이었다고 선언했다. 이로써 모두 359년에 걸친 재판은 갈릴레이의 주장이 정당하다는 것으로 결론이 났다.

　갈릴레이는 재판을 받은 후 연금 상태에서 1638년 네덜란드의 레이덴(Leyden)에서 그의 두 번째 책인《두 가지 새로운 과학(The Two New Sciences)》을 발표했다. 이 책은 역학과

물체의 강도에 관한 연구서였으며, 그가 지은 두 권의 책은 폭넓은 지식을 지닌 학자인 살비아티(Salviati), 지성적인 아마추어 사그레도(Sagredo), 전통적인 아리스토텔레스 주의자인 심플리키오(Simplicio)가 대화를 나누는 형식으로 되어 있다. 갈릴레이의 두 권의 책에 소개된 내용 중 흥미로운 것 한 가지씩을 간단히 알아보자.

(1) "무한 안에는 무한이 무한개 있다."

우선 《두 가지 주요한 체계》에는 무한대와 무한소의 확실한 인식을 찾아볼 수 있는데, 이것은 19세기에 칸토어의 업적으로 이어지는 중요한 개념들이다. 예를 들어, 무한집합인 자연수의 집합 N = {1,2,3, …}의 원소의 개수와 자신의 부분집합인 짝수의 집합 N_2 = {2,4,6, …}의 원소의 개수가 같다는 것이다. 임의의 짝수는 2n(n은 자연수)의 꼴로 나타낼 수 있기 때문에 다음 그림을 보면 그 이유가 분명해진다.

$$\begin{array}{c} \text{자연수} \quad n : 1 \quad 2 \quad 3 \quad \cdots \quad n \cdots \\ \downarrow \ \downarrow \ \downarrow \qquad \downarrow \\ \text{짝수} \quad 2n : 2 \quad 4 \quad 6 \quad \cdots \quad 2n \cdots \end{array}$$

마찬가지로 3의 배수의 집합, 4의 배수의 집합 등을 만들 수 있으므로 무한집합의 진부분집합 중에는 자신과 크기가 같은 집합이 무한개 있다. 즉, 무한 안에는 무한이 무한개 있다는 것인데, 이와 같은 이유로 예전부터 무한은 매우 어려운 신의 영역이라고 생각했다.

(2) 아리스토텔레스의 바퀴

1638년에 출간된 갈릴레이의 마지막 저서 《두 가지의 새로운 과학》에는 다음과 같은 문제가 있다.

"아래 그림과 같은 두 개의 동심원이 있다. 큰 원이 직선 AB를 따라 A에서 B까지 굴러 1회전했을 때 선분 AB는 큰 원의 둘레의 길이와 같다. 이때 큰 원에 고정되어 있는 작은 원도 1회전한다. 따라서 선분 CD는 작은 원의 둘레의 길이와 같다. 그러므로 두 원의 둘레의 길이는 같다."

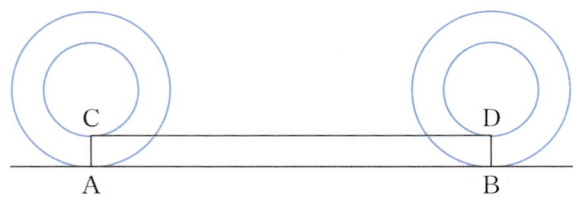

이 문제를 이해하기 위해 현대의 자동차를 떠올려보자. 자동차에는 차가 움직인 거리를 측정하는 계기판이 있다. 그리고 계기판에 나와 있는 자동차가 이동한 거리는 이 자동차의 바퀴의 회전수로 구한다. 즉 바퀴의 반지름을 알면 바퀴의 둘레의 길이를 쉽게 구할 수 있다. 그런데 여기서 흥미로운 문제를 생각할 수 있다. 다음 그림과 같이 중심을 O로 하는 두 개의 바퀴를 생각하자. 중심이 같은 원을 동심원이라고 하는데, 이 동심원의 바퀴를 평면상에서 1회전 시키면 O, A, B가 각각 O', C, D의 위치로 굴러간다. 여기서 작은 바퀴와 큰 바퀴는 모두 정확하게 1회전했다. 아래 그림에서 선분 AC의 길이는 작은 바퀴의 둘레의 길이이고, 선분 BD의 길이는 큰 바퀴의 둘레의 길이다. 이 그림에서 보는 것과 같이 '선분 AC=선분 BD'이므로 큰 바퀴와 작은 바퀴의 둘레의 길이는 같아 보인다. 그렇다면 바퀴는 반지름의 길이에 관계없이 항상 같은 거리를 움직일까? 과연 어디가 잘못된 것일까?

이에 대한 설명을 정사각형으로 진행해 보겠다. 큰 정사각형 ABCD의 한 변의 길이를 1, □ABCD 내부에 있는 작은 정사각형 □EFGH의 한 변의 길이를 1/2이라고 하고 두 정사각형을 동시에 한 바퀴 굴리자. □ABCD가 구르면 □A'B'C'D'가 된다. 이때 □ABCD이 굴러간 거리는 두 점 A와 A'의 거리와 같다. 직선 AA'의 길이는 큰 정사각형의 둘레의 길이니까 1×4=4이다. 또 □ABCD가 한 바퀴 구르는 동안 작은 정사각형 □EFGH도 한 바퀴 굴렀다. □EFGH의 한 변의 길이는 1/2이므로 이 작은 정사각형이 한 바퀴 구른 거리는 1/2×4=2가 되어야 한다. 그런데 작은 정사각형이 처음 있던 자리의 점 E와 한 바퀴 구른 후의 자리의 점 E' 사이의 거리, 즉 선분 EF'의 길이는 선분 AA'와 같은 4이다. 그렇다면 2는 어디에서 생긴 것일까? 그림을 잘 보면 큰 정사각형의 변은 언제나 직선 AA'에 밀착되어 있으나, 작은 정사각형의 변은 군데군데서 점프하고 있다. 즉 □EFGH가 굴러 □EF'G'H'로 옮겨가는 동안 4개의 점선으로 표시한 '점프하는 부분'이 생기게 된다. 이 점프하는 구간의 길이의 합이 바로 2인 것이다. 같은 방법으로 정오각형을 한 바퀴 굴리면 5개의 점프하는 구간이 생긴다. 만일 정육각형을 한 바퀴 굴리면 6개의 점프하는 구간이 생긴다. 그리고 일반적으로 정n각형을 한 바퀴 굴리면 모두 n의 점프하는 구간이 생긴다.

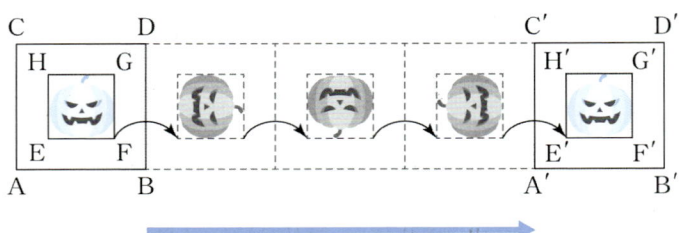

이제 변의 수를 무한히 많이 늘려 다각형을 원에 가깝게 만들면 작은 바퀴가 지나간 선분 속에는 이 다각형의 무한개의 변과 무한개의 '점프하는 부분'이 들어있다. 따라서 작은 바퀴의 둘레와 큰 바퀴의 둘레는 이 무한히 많은 '점프하는 부분'을 합해놓은 만큼 차이가 나는 것이다. 다시 말해서 큰 바퀴가 굴러가는 동안 작은 바퀴는 눈에 띄지 않게 점프하면서 굴러간 것이다. 이것은 이미 아리스토텔레스가 설명한 적이 있기 때문에 '아리스토텔레스의 바퀴(Aristotle's wheel)'라고 부른다. 여러분이 자동차나 자전거 또는 인라인 스케이트와 같이 바퀴가 달린 것을 탈 때, 사실 그 바퀴는 겉면만 바닥에 붙어서 돌고 나머지 부분은 무한히 점프하고 있으니 얼마나 힘들까?

아리스토텔레스의 바퀴가 사실이면 태양계 행성들은 이미 난리가 났을 것이다.

💡 로그

1614년 네이피어[10]는 새로운 함수를 소개한다. $y = \log_a x$ 꼴인 로그함수이다. 하늘의 별은 등급에 따라 그 밝기가 달라지는데, 한 등급 낮아질수록 $\sqrt[5]{100} \approx 2.512$배 밝아짐을 로그함수를 통해 쉽게 표현할 수 있다.

---

[10] Napier, 스코틀랜드 수학자, 1550~1617.

북극성은 2등성이고 금성은 -4등성, 태양은 -27등성이다. 북극성과 금성이 6등성이 차이가 난다는 것은 $2.512^6 = 2512567\cdots$와 같이 지수로 계산하여 금성이 북극성보다 약 251배 밝다는 뜻이다. 좀 복잡해 보이지만 로그를 이용한다면

$$m_2 - m_1 = \frac{5}{2} log \frac{L_1}{L_2}$$

로 구할 수 있다. 금성의 등성을 $m_1 = -4$, 북극성의 등성을 $m_2 = 2$라 하자. 북극성의 밝기를 $L_2 = 1$이라 한다면

$$2 + 4 = \frac{5}{2} log \frac{L_1}{1}$$

로부터 $log L_1 = 6 \times \frac{2}{5}$이 되어 $L_1 = 10^{2.4} = 251.188\cdots$이므로 지수로 계산한 것과 비슷한 값을 같게 된다.

사람의 미각, 시각, 청각도 모두 로그로 나타낼 수 있다. 베버-페히너[11]의 법칙

"처음 받은 자극이 강하면 그 자극의 변화를 느낄 수 없다."

에 따라 큰소리가 나오는 곳에서는 더 큰 소리를 내야만 하고, 어두운 곳에 있는 하나의 촛불은 밝게 느껴지지만, 여러 개의 초가 켜있는 곳에 놓인 촛불은 별로 밝아 보이지 않는다.

---

11 Weber-Fechner

이런 현상을 로그를 사용하여 다음과 같이 말할 수 있다. Y가 감각의 양이고, X는 자극의 양, A, B는 적당한 상수라 할 때

$$Y = A \log X + B$$

로 나타난다.

지진 에너지를 측정할 때 사용하는 리히터 규모[12]라는 것도 로그를 이용한 식

$$\log E = 11.8 + 1.5M$$

을 사용하여 측정한다. 여기서 E는 지진 에너지, M은 리히터 규모이다. 식을 보면 규모가 2배 늘어나면 에너지는 1000배 커진다는 것을 알 수 있다.

반려견의 나이는 어떻게 계산할까? 과거에는 강아지 나이 곱하기 7하면 사람의 나이라고 했었다. 이것이 조금 자세히

---

[12] Richter Magnitude

만들어진 식이

$$소형견은\ (강아지\ 나이\ +4)\times 4로$$
$$대형견은\ 12+(강아지\ 나이\ -1)\times 7로$$

사람의 나이를 계산했었다. 현재는

$$16\times \log(반려견\ 나이+31)$$

로 계산하고 있다. 로그를 이용해서 계산했더니 우리 집 반려견은 앞으로 훨씬 더 오래 같이 살 수 있다는 즐거움이 생겼다.

HOW OLD IS MY DOG IN HUMAN YEARS?

SIZE OF DOG	Small 20lbs or less	Medium 21–50 lbs	Large 51–100 lbs	Giant 100+ lbs
AGE OF DOG	AGE IN HUMAN YEARS			
1 Year	15	15	15	12
2	24	24	24	22
3	28	28	28	31
4	32	32	32	38
5	36	36	36	45
6	40	42	45	49

💡 뫼비우스 띠

아래 그림은 재활용을 상징하는 마크의 모습이다. 자세히 보면 뫼비우스 띠 모양을 하고 있다. 왜 재활용 마크로 뫼비우스 띠(Möbius band)를 사용하고 있을까? 뫼비우스 띠는 몇 가지 흥미로운 성질을 가지고 있는데, 가장 특징적인 것은 어느 지점에서나 띠의 중심을 따라 이동하면 출발한 곳과 정반대 면에 도달할 수 있고, 계속 나아가 두 바퀴를 돌면 처음 위치로 돌아온다는 점이다. 이 때문에 재활용 마크로 뫼비우스 띠를 사용하고 있는 것이다. 이렇게 보면, 이미 사용한 자원도 다시 사용할 수 있다는 재활용을 상징하는 것으로 뫼비우스 띠보다 나은 것을 찾기도 어려운 것 같다.

▲ 재활용을 상징하는 마크는 뫼비우스 띠 모양을 하고 있다(좌).
뫼비우스 띠(우).

뫼비우스 띠는 수학의 기하학과 물리학의 역학이 관련된 곡면으로, 경계가 하나밖에 없는 2차원 도형이다. 즉, 안과 밖의 구별이 없다. 이 띠는 1858년에 뫼비우스(August Ferdinand Möbius)와 요한 베네딕트 리스팅(Johann Benedict Listing)이 서로 독립적으로 발견했다. 이 띠를 만든 뫼비우스는 대중적인 천문학 논문인 〈핼리혜성과 천문학의 원리〉뿐만 아니라 정역학, 천체역학과 다양한 많은 수학적 논문을 발표한 천문학 교수였는데, 오늘날 그는 뫼비우스 띠로 더 유명하다.

뫼비우스 띠를 만들어보자. 종이를 길게 잘라서 띠를 만든 후 종이 띠의 양 끝을 그냥 풀로 붙이면 도넛 모양의 토러스가 되는데, 한 번 꼬아 붙이면 뫼비우스 띠가 된다. 이 꼬임으로 띠는 특별한 성질을 가지게 된다. 종이를 잘라 띠를 만든 후 그 띠를 한 번 꼬아서 붙이면 다음 그림과 같이 모서리 AD의 화살표와 모서리 CB의 화살표가 같은 방향으로 가는 하나의 화살표가 된다. 즉 꼭짓점 A는 꼭짓점 C, 꼭짓점 D는 꼭짓점 B와 일치하게 된다.

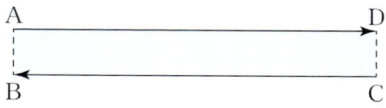

이런 뫼비우스 띠를 수학적으로 표현하면 어떻게 될까? 3차원 실공간 R^3에서 뫼비우스 띠는 두 매개변수 u, $v (0 \leq u \leq 2\pi, -1 \leq v \leq 1)$를 이용하여 다음과 같은 매개변수방정식으로 나타낼 수 있다.

$$x(u, v) = \left(1 + \frac{1}{2}v \cos \frac{1}{2}u\right) \cos u$$
$$y(u, v) = \left(1 + \frac{1}{2}v \cos \frac{1}{2}u\right) \sin u$$
$$z(u, v) = \frac{1}{2}v \sin \frac{1}{2}u$$

위의 매개변수방정식을 그래프로 나타내면 오른쪽 그림과 같은 3차원 공간의 xy-평면 위에 중심이 원점에 있고 반지름과 폭이 1인 뫼비우스 띠가 된다. 두 개의 변수 가운데 u는 뫼비우스 띠를 돌고, v는 모서리 사이를 움직인다.

💡 원주좌표계와 구면좌표계

뫼비우스 띠는 직교좌표계가 아닌 다른 좌표계를 이용하여 표현할 수도 있다. 공간에서 좌표계 하면 보통 세 개의 실수축이 서로 직교하는 직교좌표계를 생각한다. 물론 고등학교까지는 직교좌표계만 배운다. 대학에서는 또 다른 두 개의 좌표계가 등장하는데, 하나는 구의 특성을 이용한 구면좌표계(spherical coordinate system)이고 다른 하나는 원기둥의 특성을 이용한 원주좌표계(cylindrical coordinate system)이다.

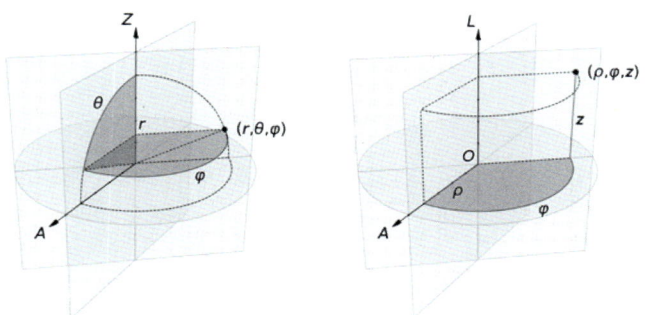

▲ 구면좌표계(좌)와 원주좌표계(우)를 설명한 그림. 〈출처: Jorge Stolfi〉

구면좌표계는 3차원 공간상의 점을 나타낼 때 (r, θ, ϕ)로 나타낸다. r은 원점에서 점까지의 거리, θ는 z축의 양의 방향과 이루는 각도, φ는 x축의 양의 방향과 이루는 각도이다. 원주좌표계는 3차원 공간상의 점을 나타낼 때 (ρ, φ, z)로 나타낸다. ρ은 z축에서 점까지의 거리, φ는 x축의 양의 방향과 이루는 각도, z는 xy-평면에서의 높이이다. 기회가 된다면 세 가지 좌표계에 관하여 자세히 소개하겠다. 어쨌든, 원주좌표계를 이용하면 뫼비우스 띠는 다음과 같이 표시할 수 있다.

$$\log(\rho)\sin\left(\frac{\psi}{2}\right) = z\cos\left(\frac{\psi}{2}\right)$$

뫼비우스 띠는 원상태로 돌아가 힘의 평형 상태를 유지하는 독특한 형태의 꼬인 부분이 있다. 직선이 운동할 때 생기는 곡면인 '가전면(可展面, developable surface)'을 수학적으로 해석하는 것이 뫼비우스 띠의 모습을 예측하는 핵심이다. 이와 관련된 연구가 1930년에 처음 있었으나 그 규칙에 대해서는 지금까지 알려져 있지 않았다. 그로부터 77년이 지난 2007년 영국의 과학자들이 뫼비우스 띠를 만들 때 직사각형 모양 띠의 폭과 길이의 비율에 따라 에너지 밀도가 달라지며, 띠의 모양에 영향을 준다는 사실을 밝혀냈다. 뫼비우스 띠를 역학적으로 연구한 것은 이것이 처음이며, 에너지 밀도는 띠를 접었을 때 재질 전체에 생기는 탄력에너지로 접힘이 심한 곳에서 가장 높고 평평하게 펴진 곳에서 가장 낮게 나타난다고 한다.

결국 연구팀은 자연계에서 뫼비우스 띠가 실제로 나타나는 모양의 비밀을 수학으로 풀어낸 것이다. 그리고 이 결과는 뫼비우스 띠처럼 꼬인 물체의 잘 찢기는 부분을 예측하거나 화학, 양자물리학과 나노테크놀로지를 이용해 새로운 약이나 구조를 만드는 분야에 다양하게 활용될 수 있다.

단순한 흥밋거리로만 알고 있었던 뫼비우스 띠가 매우 복잡한 수학을 이용하여 비밀이 풀렸고, 이를 첨단산업에 활용할 수 있다는 것이 새삼 놀랍다. 여러분도 주위를 유심히 살펴 아무리 사소한 것이라도 미래를 이끌 첨단 과학을 찾아보기 바란다.

📖 읽을거리

(1) 복리계산

연 12%의 이자(연이율 0.12)로 최초 1000원의 금액을 저금하였을 경우 T년 후 원리합계는 $1000 \times e^{0.12T}$원이 된다.

① 1년 후 $T = 1000 \times (1+0.12)$

② 반년마다 복리라면

6개월 후 $T = 1000 \times \left(1 + \dfrac{0.12}{2}\right)$,

1년 후

$$T = 1000 \times \left(1 + \dfrac{0.12}{2}\right) \times \left(1 + \dfrac{0.12}{2}\right) = 1000 + \left(1 + \dfrac{0.12}{2}\right)^2$$

③ $\dfrac{1}{N}$년마다 복리이자가 지급된다면

1년 후에는 $T = 1000 + \left(1 + \dfrac{0.12}{2}\right)^N$

④ 매일 복리 이자가 지급된다면

1년 후에는 $T = 1000 + \left(1 + \dfrac{0.12}{365}\right)^{365}$

저축의 복리와 유사한 성질의 집단 : 인구, 박테리아
저축의 단리와 유사한 성질의 집단 : 식량생산

(2) 지수적 증감의 활용

① 19세기 초 영국의 경제학자 맬서스(Thomas Melthus, 1766~1834)는 《인구론》에서 인구의 지수적 증가는 $y=2^x$을 따르고 식량공급의 선형적 증가는 $y=x+a$ 꼴로부터 시작되므로 가난과 기근은 피할 수 없다고 주장하였다.

② 일반적으로 지수적 증가는 2^n, 선형적 증가는 n^2, n^3 형태를 띠고 있다. 따라서 컴퓨터를 사용하여 어떤 문제의 처리 절차를 기획할 때 지수적 증가는 피하여야 한다. (시간이 오래 걸리는 현상이 발생하는데, 예를 들어 행렬식을 지수로 계산하면 연산 과정이 길어지게 된다.)

③ 껌의 단맛, 수학책을 보는 사람의 수는 방정식의 수에 대해 지수적으로 감소한다. 방사성 동위원소의 붕괴 과정도 지수적 삼수의 형식을 띠고 있다. 방사성 원소의 붕괴 비율을 알면 물질이 반으로 줄어드는데 필요한 시간(반감기)를 계산할 수 있다. 연대 방사성 탄소 측정법이란 모든 생명체는 그 속에 방사성 탄소를 일정 농도 포함하고 있다. 생명체가 죽으면 방사성 탄소는 붕괴를 시작한다. 그 잔류량으로 연대를 측정한다는 것인데 이

읽을거리

와 같은 것들이 모두 지수적 감소의 형태를 띠고 있는 것이다.

④ 10^{100}을 구골(googol)이라 읽고, 10^{googol}을 구골플렉스(googolplex)라 부른다. 놀랍게도 구골은 한 어린아이가 유치원 칠판에 썼던 수라고 한다. 그 아이의 삼촌인 수학자 에드워드 캐스너(E. Kastner, 1878~955)가 구골플렉스를 제안했다.

⑤ 별은 그 별이 만들어내는 빛의 스펙트럼의 특성에 따라 분류된다. 별은 그 빛깔에 따라 O−B−A−F−G−K−M[13]으로 분류한다.

---

[13] O 유형은 푸른색, A 유형은 백색, G 유형은 노란색, 그리고 M 유형은 붉은색이다.

태양은 표면 온도가 약 6000K의 노란색이므로 G 유형의 별에 속한다.

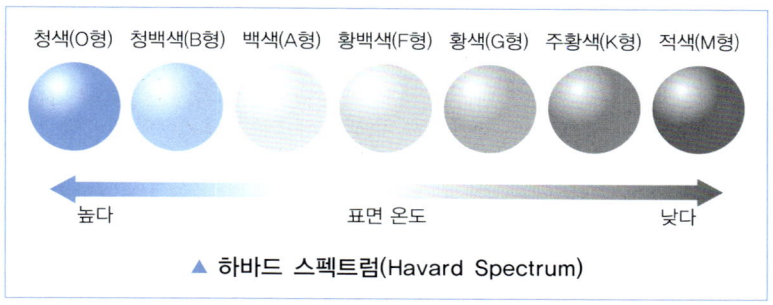
▲ 하바드 스펙트럼(Havard Spectrum)

이런 분류를 더 세분하기 위해서 해당 문자에 숫자를 붙인다. 예를 들어 태양은 G2로 나타내고 노란색 주계열성 쪽으로 20% 진행되고 있다는 의미를 갖고 있다. 또한, 별의 크기와 밝기를 구분하기 위해 스펙트럼 분석 알파벳 글자 다음에 로마 숫자를 붙인다. 이것은 I 초거성에서 V 왜성 또는 주계열성까지이다. 그래서 태양은 G2V이다.

읽을거리

분광형	색	표면온도(K)	예
O	청색	30,000	멘카르
B	청백색	10,000~30,000	리겔, 스피카
A	백색	7,500~10,000	시리우스, 베가
F	황백색	6,000~7,500	카노푸스, 프로키온
G	노란색	5,000~6,000	태양, 카펠라
K	주황색	3,500~5,000	아르크투루스, 알데바란
M	붉은색	3,500	베텔게우스, 안타레스

위의 분류법에 광도를 포함하여 분류한 Yerkes 스펙트럼 분류법에 의하면 Ia(가장 밝은 초거성), Ib(밝은 초거성), II(밝은 거성), III(거성), IV(준거성), 그리고 V(주계열성, 왜성)으로 표현하기도 한다.

03
우주는 몇 차원?

💡 4차원 속 달걀

　달걀을 깨지 않고 노른자만 꺼낼 수 있을까? 글쎄, 어느 대단한 마술사라면 혹시 해낼 수 있을지도 모르겠다. 만약 우리가 4차원 공간에 살고 있다면 이 마술 같은 일을 손쉽게 해치울 수 있다. 인간은 3차원 공간에 사는 생물이라서 4차원이 있다 하더라도 그것을 직접 느낄 수는 없다. 다만 2차원과 3차원 사이의 관계로부터 더 높은 차원을 유추해 볼 수는 있다.
　종이에 원을 하나 그려놓고 그 안에 동전을 놓는다. 2차원 평면인 종이 위에서 동전을 움직여 원 밖으로 빼내려면 동전은 반드시 원주를 통과해야만 한다. 그러니까 2차원에서는 동전이 원주를 건드리지 않고 원 밖으로 나갈 수 없다. 그러나 동전을 3차원 방향으로 움직일 수 있으면 얼마든지 원주를 건드리지 않고서 동전을 빼낼 수 있다. 만약 2차원적인 생명체가 있어서 종이 위에서만 살고 있다면 이 생명체의 눈에는 동전이 갑자기 사라졌다가 다시 엉뚱한 곳에 나타나는 것으로 보일 것이다. 2차원 평면을 3차원 공간으로, 종이 위의 원을 달걀로, 그리고 동전을 노른자로 대체하면 4차원의 공간이 어떻게 달걀을 깨지 않고 노른자를 꺼낼 수 있는지 짐작이 갈 것이다. 4차원 공간을 느끼면서 넘나들 수 있는 생명체가 있다면 그는 노른자를 4차원 방향으로 움직임으로써 달걀을 깨지 않고 노른자를 꺼낼 수 있다.

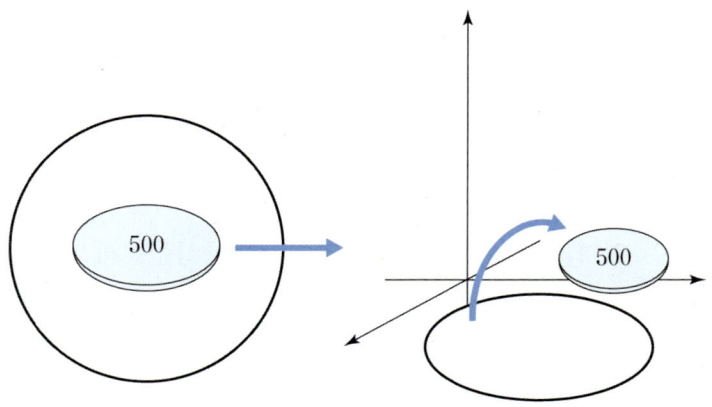

세상을 살면서 나하고 가까운 진짜 친구의 비율은 어느 정도 될까? 내가 1차원에 살고 있다고 가정하자. 나를 0이라고 하고 1과의 사이에 있는 친구를 가장 가까운 친구라고 정의하자. 이때 내가 살고 있는 세상의 모든 사람이 즉, $[-1, 1]$이 나와 가까운 친구이다. 따라서 1차원에서 가장 가까운 친구의 비율은 100%이다. 2차원에 살고 있는 나라면 반지름이 1인 원 안에 있는 사람들이 나와 가장 가까운 친구들일 것이다. 이때 사각형의 넓이는 4이고 원의 넓이는 π이므로 2차원에서 가장 가까운 친구의 비율은 $\frac{\pi}{4} = 78.5\%$이다. 이제 3차원에서 생각해보자. 각 변의 길이가 2인 정육면체에 내접하는 반지름이 1인 구 안에 있는 사람들이 나와 가장 가까운 친구들일 것이다. 정육면체의 부피는 $2 \times 2 \times 2 = 8$이고 반지름이 1인 구의 부피는 $\frac{4}{3}\pi$ 14이다. 따라서 3차원에서 가장 가까운 친구의 비율은 $\frac{\frac{4}{3}\pi}{8} = 52.4\%$이다.

▲ 1차원의 친구들

---

14 반지름이 r인 구의 부피는 $\frac{4}{3}\pi r^3$이다.

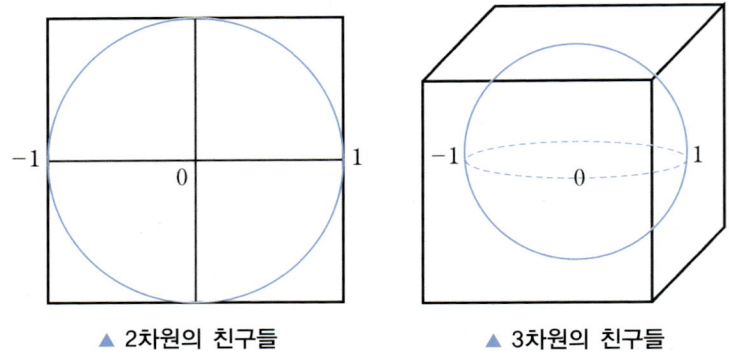

▲ 2차원의 친구들　　　　▲ 3차원의 친구들

더 높은 차원에서는 어떤 일이 일어날까?

우리가 살고 있는 공간이 3차원보다 더 높은 차원일 수도 있다는 생각은 꽤나 오래되었다. 아인슈타인의 상대성이론은 시간과 공간을 하나의 좌표로 통일하여 시공간 4차원을 주창했는데, 여기서는 공간이 여전히 3차원에 머물러 있다. 아인슈타인과 동시대에 살았던 칼루자(Theodor Kaluza)와 클라인(Oskar Klein)은 시공간이 5차원일 가능성을 제시했었다. 칼루자-클라인 이론에서는 공간이 3차원이 아니라 4차원이다. 이렇듯 3차원에 부가적으로 덧붙여진 차원을 덧차원(extra dimension, 부가차원, 초차원, 여분차원)이라고 한다. 칼루자와 클라인이 덧차원을 생각한 이유는 적어도 달걀노른자를 빼내는 것보다는 좀 더 고상했다. 그들은 중력과 전자기력을 5차원 이론으로 통합하려고 했었다. 대략 1919년에서 1926년 사이의 일이다.

💡 프랙털 도형

다음 그림은 미국항공 우주국(NASA)이 공개한 제임스웹 우주망원경(JWST[15])이 촬영한 남쪽 고리 성운(Southern Ring Nebla)의 모습이다. 이 성운의 밝은 부분의 경계를 보면 일부분을 확대해도 그 부분과 비슷하게 보이고 있다. 이러한 구조를 다루는 수학도구가 바로 '프랙털(fractal)'이다.

프랙털의 창시자는 IBM의 토머스 왓슨(Thomas J. Watson) 연구센터의 만델브로(Benoit Mandelbrot)이다. 그는 논문 〈The Fractal Geometry of Nature〉에서 프랙털 인식에 관한 간단한 질문을 내놓았다.

"영국의 해안선 길이는 얼마나 될까?"

아래의 그림은 영국의 해안선을 200마일 단위와 25마일 단위로 잰 것이다. 25마일 단위로 재면 200마일로 단위로 잰 것에 비해서 측정된 해안선의 길이가 길어진다.

[15] James Webb Space Telescope

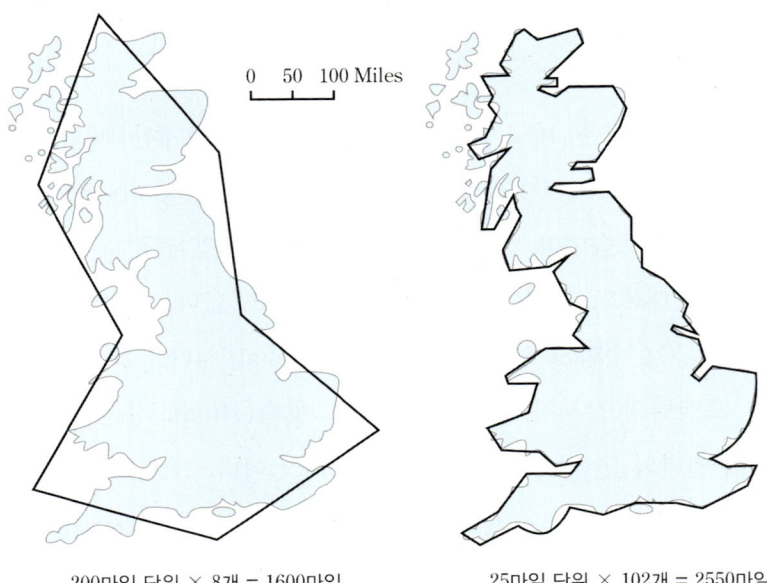

200마일 단위 × 8개 = 1600마일   25마일 단위 × 102개 = 2550마일

그 이유는 해안선은 자세히 보면 볼수록 복잡하기 때문이다. 만일 더 작은 단위로 해안선을 재면 어떻게 될까? 만일 1cm 길이의 측정단위를 사용하여 전 해안선을 기다시피 하며 세밀하게 측정할 경우, 모든 해안가의 짧은 곡선, 해안 바위들의 굴곡 하나하나가 합산되어 해안선 측정값은 엄청나게 증가되어 천문학적인 수치가 나올 것이다. 측정단위에 의해 합산된 곡선의 길이가 단위를 작게 할수록 무작위로 커진다면 그 곡선은 프랙털 곡선이라고 한다. 따라서 영국의 해안선은 프랙털이다. 영국의 해안선이 프랙털이라면 우리가 생활하고 있는 주위의 다른 곳에서도 프랙털을 쉽게 찾을 수 있다. 구름,

산, 나무, 심지어 사람의 뇌의 주름 등에도 프랙털 도형을 찾아볼 수 있다.

최초의 직선이나 도형을 창시자(initiator)라 하고 프랙털 도형을 만드는 규칙이 주어졌을 때 생긴 도형을 생성자(generator)라고 하자. 이 생성자를 적당한 비율로 축소해가면서 주어진 규칙에 따라 무한 반복했을 때 얻어지는 도형을 프랙털 도형이라고 한다. 따라서 부분이 전체를 닮았다는 성질(자기 닮음, self−similarity)을 지니고 있다. 다음 사례들을 통해 프랙털 도형의 유한 번의 반복된 모습[16]을 탐구해보자.

▲ 코흐, Helge van Koch, 1870~1924

---

[16] pre-fractal

(1) 코흐 곡선

프랙털 도형의 요소 중 코흐 곡선이 있다. 코흐 곡선(Koch curve)의 1차 생성자는 창시자인 주어진 선분을 3등분하여 가운데 선분을 위로 구부려 올린 모습이다. 생성자를 축소하면서 새로 생긴 4개의 선분과 바꾸어 간다. 이 과정을 무한 반복하면 프랙털 도형이 만들어진다.

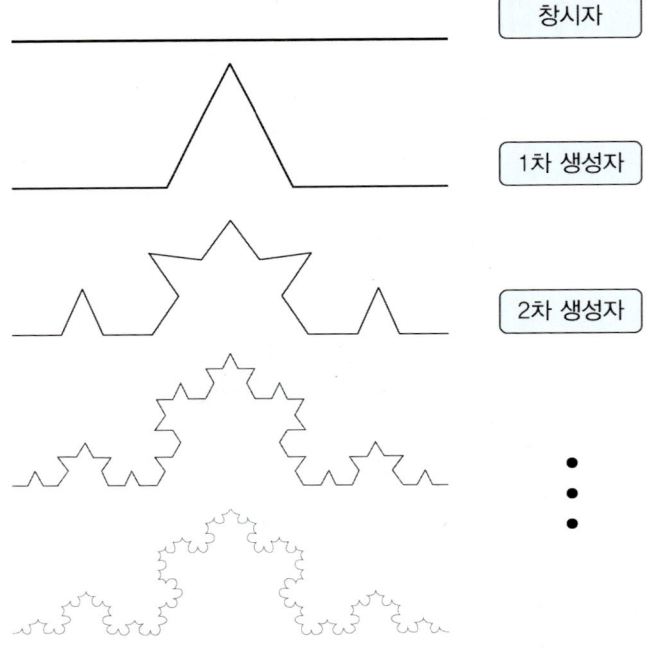

코흐 곡선 3개를 그림과 같이 연결한 도형을 코흐 초눈송이(Koch snowflake)라고 한다.

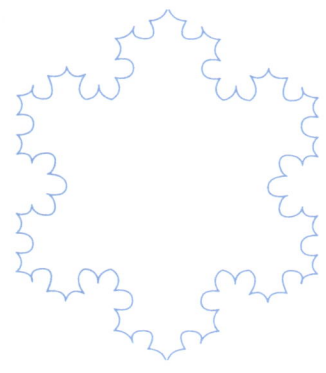

(2) 프랙털 드래곤(harter-heightway dragon)

직선인 창시자를 직각으로 구부려서 1차 생성자를 만든다.

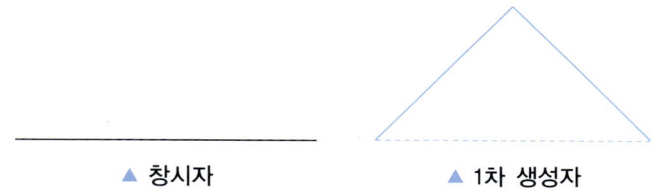

▲ 창시자　　　　▲ 1차 생성자

오른쪽 선분부터 오른쪽으로 구부리고, 다음 왼쪽 선분을 구부린다.

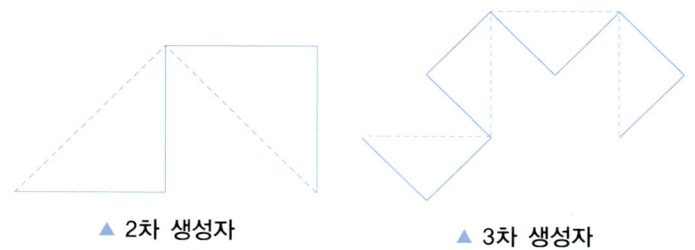

▲ 2차 생성자　　　　▲ 3차 생성자

계속해서 이 규칙을 반복하면 용과 비슷한 모양을 얻을 수 있다.

(3) 뒤러[17]의 오각형

정오각형을 창시자로 해서 만든 프랙털 도형이다. 대각선의 연장선 위에 만들어지는 작은 오각형 5개로 1차 생성자를 만든다.

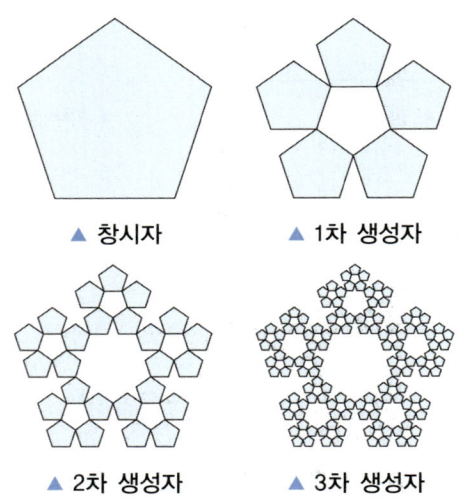

▲ 창시자   ▲ 1차 생성자

▲ 2차 생성자   ▲ 3차 생성자

---

17 Durer, 1471~1528

(4) 칸토어 먼지(Cantor dust)

선분이 창시자이다. 창시자를 3등분하여 가운데를 제거하면서 생성자를 만들어나간다.

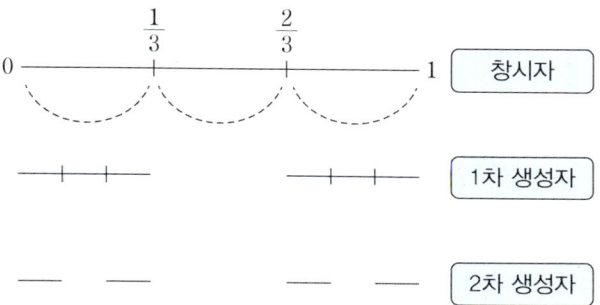

결국 먼지만 남게 된다.

(5) 시어핀스키[18] 삼각형

폴란드 수학자 시에르핀스키가 만든 프랙털 도형으로 칸토어 먼지의 발상을 확대해서 평면도형인 삼각형에 적용한 것이다. 즉, 정삼각형의 각 변의 이등분점을 연결하여 가운데 있는 역삼각형을 제거하여 1차 생성자를 만든다.

▲ 시에르핀스키

---

[18] Waclaw Sierpinski, 1882~1969

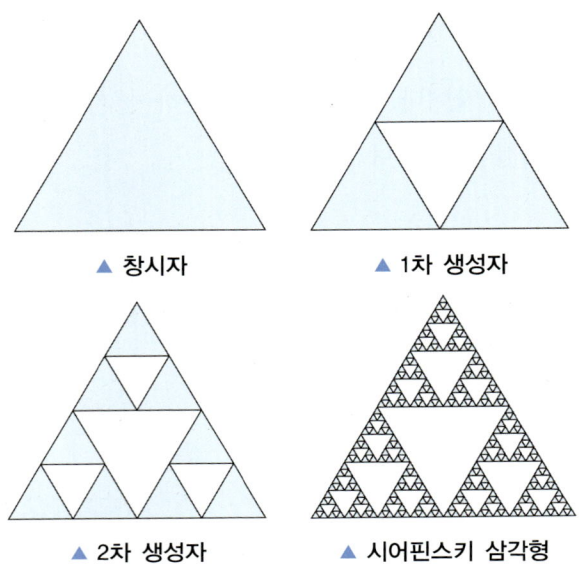

▲ 창시자　　　　　▲ 1차 생성자

▲ 2차 생성자　　　▲ 시어핀스키 삼각형

(6) 시어핀스키 카펫(carpet)

창시자는 정사각형이다. 각 변을 삼등분하고 가장 가운데 사각형을 제거하여 1차 생성자를 만든다.

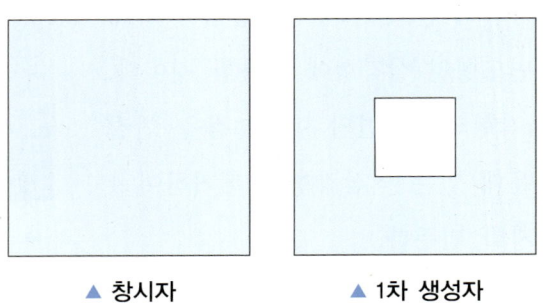

▲ 창시자　　　　　▲ 1차 생성자

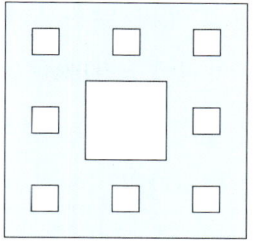
▲ 2차 생성자

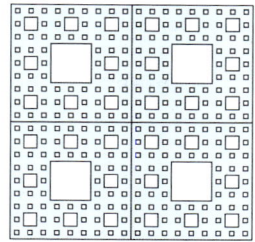
▲ 시에르핀스키 카펫

💡 프랙털 차원

이제 프랙털 도형의 차원을 구해보자. 'fractional dimension'을 번역할 때, 'fraction'을 분수로 해석했기 때문에 분수 차원으로 부르기도 하지만 보통 프랙털의 차원은 무리수[19]이다.

우리가 알고 있는 1차원 2차원, 3차원의 대표 도형으로 선분, 정사각형, 정육면체를 생각해보자. 먼저 선분을 3등분하면 선분이 3개가 생긴다.

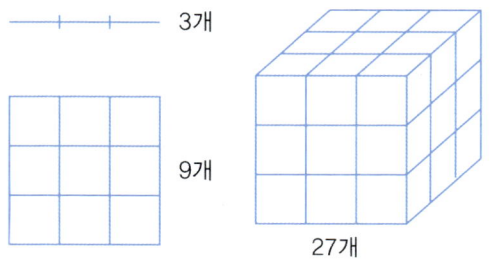

---

[19] 가끔 유리수도 있다.

정사각형은 9개, 정육면체는 27개의 닮은 도형이 생긴다. 여기에서 얻을 수 있는 규칙은 차원이 d인 도형을 3등분하면 원래와 닮은 작은 도형이 3^d개 만들어진다는 것이다. 일반적으로 자기 닮음 도형에서는 작은 조각의 수 n, 비율 S, 그리고 차원 d 사이에는 다음의 관계식이 있다.

$$n = S^d$$

양변에 로그($\log$)를 취하면

$$\log n = d \log S$$

이므로 $d = \dfrac{\log n}{\log S}$를 얻게 된다. 이것이 프랙털 도형의 프랙털 차원이다. 예를 들어 정육면체의 경우 27개의 작은 정육면체가 있고 각각을 3배로 확대하면 원래의 정육면체(창시자)를 얻게 되므로

$$d = \dfrac{\log 27}{\log 3} = 3$$

이 되어 3차원 도형이다.

$$d = \dfrac{\log(\text{작은 도형의 수})}{\log(\text{확대율})}$$

코흐 곡선의 차원은 1차 생성자의 작은 선분이 4개 있고 이 선분을 3배 확대하면 창시자를 만들 수 있으므로

$$d = \frac{\log 4}{\log 3} = 1.261\cdots$$

이 되고, 칸토어 먼지의 경우 1차 생성자는 작은 선분 2개이고 이 선분을 3배 확대하면 창시자를 만들 수 있으므로

$$d = \frac{\log 3}{\log 2} = 0.6309\cdots$$

이다.

마찬가지로 프랙털 드래곤은 $d = \dfrac{\log 2}{\log \sqrt{2}} = 2$ 차원 도형임을 알 수 있다.

시에르핀스키 삼각형과 시에르핀스키 카펫은 각각

$$d = \frac{\log 3}{\log 2} = 1.5849\cdots \text{과 } d = \frac{\log 8}{\log 3} = 1.8928\cdots$$

차원이다. 실제로 프랙털 차원이 갖는 의미는 도형의 복잡도를 수치화한 것이다.

읽을거리

(1) 힐베르트의 23가지 문제

▲ 힐베르트

오늘날의 수학은 자연과학뿐만 아니라 인문, 사회과학으로 그 영역을 넓혀가며 거의 모든 학문과 관계를 맺고 있다. 이렇듯 수학의 새로운 분야들은 인류 문명의 발전을 이끌어가고 있는데, 그 시작은 바로 수학의 황제 힐베르트[20]가 제안한 23개의 문제이다. 이 23개의 문제들이 각각 현재 과학 발전에 어떻게 기여하고 있는지 하나씩 집어내기는 어렵다. 오래전 과거에 있었던 소수의 발견이 현재 정보통신 분야의 암호로 활용되고 있듯이, 수학 이론을 응용하기 위해서는 짧게는 수십 년에서 길게는 수백 년이라는 오랜 시간이 걸리기 때문이다. 하지만 케플러의 추측이 원자 결정체의 구조를 이해하는 데 도움을 주고, 더 나아가 경제, 디자인, 건축학에 응용되는 것처럼 수학 이론의 응용은 지금도 계속되고 있다. 수학이야말로 기초과학 분야의 기본 토대를 마련한다는 점에서 힐베르트가 제안한 23개의 문제는 매우 중요한 의미를 갖는다.

---

[20] David Hilbert, 1862~1943

읽을거리

　19세기에 들어서자 수학은 공간의 수리적인 성질을 연구하는 기하학과 수 대신 문자를 쓰거나 수학 법칙을 간단명료하게 나타내는 대수학, 그리고 주로 함수를 다루는 해석학 등의 모든 분야에서 놀랄 만한 업적을 이루었다. 이 발전의 크기는 그 이전의 어떤 세기에도 비교할 수 없을 정도였다. 교통의 발달로 교류가 점차 확대되자, 두 사람 사이에 몇 달씩 걸리던 편지의 교환도 짧은 시간에 이루어지며 발전에 박차를 가하였다. 19세기의 이런 여러 가지 변화에 힘입어 수학을 전문적으로 다루는 잡지가 출판되기 시작했고, 수학자들끼리 개인적인 왕래도 증가했다. 또한, 유럽의 각 나라와 미국에서는 수학학회와 수학자들의 국제적인 모임이 만들어지면서 교류가 매우 활발하게 진행됐다. 각각의 학회에서 활동하던 여러 나라의 수학자들은 여기서 더 나아가 새로운 이론의 발굴, 풀리지 않는 난제의 해결 등의 협력을 위해 국제적인 수학모임이 필요하다고 생각해 1893년 국제수학자 학술대회를 시카고에서 개최했다. 이 모임은 4년 뒤인 1897년에 공식적인 수학자들의 정기 학술대회로 자리 잡게 됐는데, 그 모임의 이름이 바로 국제 수학자 회의(International Congress of Mathematicians, ICM)이다. 이 대회는 두 차례의 세계대전과 1980년대 후반까지 지속됐던 냉전으로 잠시 중단된 경우를 빼고 4년마다 개최되고 있다. 이 대회가 처음 열린 곳은 스위스의 취리히였고, 두 번째는 1900년 프랑스의 파리였다. 2010년에는 인도의 하이데라바드에서 개최되었고, 2014년에는 우리나라의 서울에서 개최되었다. ICM이 유명해진 것은 두 가지 이유에서이다. 첫째는 1900년 회의에서 발표된 힐베르트의 23개 문제 때문이고, 둘째는 바로 이 대회에서 수학의 노벨상인 필즈상을 수여하기 때문이다.

당시 뛰어난 수학자였던 호르비츠(Adilf Hurwitz, 1859~1919), 민코프스키(Hermann Minkowski, 1864~1909)와 친하게 지내며 수학에 관해 많은 의견을 나눴다. 특히 두 사람은 힐베르트가 23개의 문제를 선정하는 데 많은 조언을 해주었으며, 강연을 할 때는 23개의 문제 가운데 10개만 발표하라고 충고했다. 힐베르트는 그들의 의견을 받아들여 10개의 문제만 발표했는데, 모든 내용이 매우 중요했기 때문에 강연의 전체 내용이 바로 여러 나라말로 번역돼 출판됐다. 힐베르트는 자신이 선택한 23개의 문제가 다가오는 100년 동안 수학자들을 바쁘게 만들 것이며, 미래의 수학 발전에 방향을 제시할 것이라고 생각했다.

21세기에 접어든 오늘날의 수학자들은 대부분의 주요 문제는 이미 해결됐다고 했던 18세기 후반의 수학자들의 주장과, 19세기 말에 모든 문제가 해결될 수 있다고 공표했던 힐베르

읽을거리

트의 주장이 모두 옳지 않았다는 것을 알고 있다. 왜냐하면 새로운 이론의 등장과 더불어 훌륭한 성과가 수학에서만 매년 약 30만 개 이상에 이르고 있으며, 풍성한 결과를 기다리고 있는 새로운 분야와 수학자들을 유혹하는 매력적인 문제가 지속적으로 발굴되고 있기 때문이다.

2011년 힐베르트가 제시한 23개의 문제 중 12개가 해결되고 나머지 11개 문제는 부분적으로 해결됐거나 미해결된 상태이다. 아직 해결되지 않은 문제를 해결하기 위한 수학자들의 도전은 지금도 계속되고 있다. 수학자들의 끊임없는 도전은 수학을 더욱 풍성하고 알차게 하기 때문에 수학은 쉬지 않고 전진하고 있다. 이와 같은 발전에 대해 여러 분야의 저명한 학자들은 가까운 미래에 우리가 사는 세상이 수학 없이는 움직이지 못하는 '수학세상'이 될 것이라는 데 의견을 같이하고 있다.

번호	힐베르트의 23가지 문제
1 부분 해결	연속체가설, 정수의 집합보다 크고 실수의 집합보다 작은 집합은 존재하지 않는다. 1938년 괴델에 의해 거짓임을 증명할 수 없음(옳다는 것)을 증명하였지만, 1963년 폴 코언은 가설이 참임을 증명할 수 없음(옳지 않다는 것)을 증명하여 필즈상을 수상하였다.
2 부분 해결	산술 공리의 무모순성은 증명 가능한가? 산술의 공리에 바탕을 둔 유한개의 논리 연산은 결코 모순된 결과를 가져오지 않는다는 것으로 1931년 발표된 괴델의 제2 불완전성 정리에 의해 산술의 무모순성은 페아노 공리계상에선 증명될 수 없다. 1936년 겐첸은 페아노 공리계를 확장시킨 공리계를 사용하여 산술의 무모순성을 증명했다. 다만 이는 산술의 범위를 벗어난 증명이라서 완전한 해결이라고 볼 수 없다.
3 해결	부피가 같은 두 다면체에 대하여 하나를 유한개의 조각으로 잘라낸 뒤 그 조각들을 적당히 잘라 붙여서 다른 하나를 만들어 내는 것이 가능한가? 1900년 힐베르트의 제자 막스 덴(Max Dehn)에 의해 불가능한 것으로 증명되었다.
4 부분 해결	측지선을 이용하여 모든 거리공간을 만들 수 있는가? 1973년 포고렐로프(A.V. Pogorelov)가 대칭공간에 대하여 해결하였다.
5 부분 해결	연속 변환군을 정의하는 함수에 대한 미분가능성의 가정을 피할 수 있는가? 1952년 미국의 수학자 앤드류 글리슨(Andrew Gleason)에 의해 해결되었다고 보기도 한다.

📖 읽을거리

번호	힐베르트의 23가지 문제
6 부분 해결	물리학의 공리를 수학적으로 표현할 수 있는가? 구체적으로 나비에-스토크스 방정식을 해결할 수 있는가에 대한 문제이다.
7 해결	a가 0, 1이 아닌 대수적인 수이고 b가 유리수가 아닌 대수적인 수일 때 a^b는 초월수인가? 1934년 겔폰트-슈나이더 정리에 의해 참임이 증명되었다.
8	제타 함수의 음의 정수 영점을 제외한 영점은 모두 1/2을 실수 부분으로 갖고 있음을 증명하라. 〈리만가설〉로 알려진 이 가설을 해결하기 위한 존 내쉬 덕분에 이 문제에 대한 연구는 꺼려지게 되었다는 속설까지 함께 갖고 있다.
9 부분 해결	수론의 이차 상호 법칙이 일반화에 관한 문제 유체론을 통해 아벨의 확장에 대해서는 해결되었으나 다른 수 체계에서는 미해결 상태이다.
10 해결	부정 방정식의 유리수 해의 존재를 유한 번의 조작으로 판정할 수 있는가? 1970년 마티야세비치(Matiyasevich)에 의해 그런 알고리즘은 존재할 수 없음이 증명되었다.
11 부분 해결	이차체에 관해 얻은 결과를 임의의 대수적인 체로 확대할 수 있는가? 대수적 수를 계수로 갖는 이차 형식의 해를 항상 구할 수 있는가에 대한 문제로 부분해결되었다.
12	크로네커-베버의 정리를 임의의 대수적인 체로 확대하는 문제

번호	힐베르트의 23가지 문제
13 부분 해결	일반적인 7차 방정식을 변수가 2개인 함수를 이용하여 해를 구할 수 있는가? 1957년 블라디미르 아르놀드(Vladimir Arnold)가 증명하였다.
14 해결	상대적 다항함수계의 유한성을 묻는 문제 일반적으로 성립하지 않음이 증명되었다. 일본 수학자 나카타 마사요시(永田 雅宜)가 반례를 찾아냈다.
15 부분 해결	슈베르트 계산법(Enumerative calculus)에 대한 엄밀한 기조를 제시하라.
16	대수적 곡선 및 곡면에 대한 위상을 평면상의 다항식 벡터장을 유한번 이용하여 나타내라.
17 해결	음이 아닌 실수 계수를 가진 임의의 다변수 다항식을 항상 유리 함수의 제곱의 합으로 나타낼 수 있는가? 1927년 독일 수학자 에밀 아르틴(Emil Artin)이 증명하였다.
18 해결	비면추이 타일링으로만 테셀레이션을 할 수 있는 다면체가 존재하는가? 공 쌓기에 대한 케플러의 추측이 해결되면서 2000년 이후 카를 라인하르트(Karl Reinhardt)에 의해 증명되었다.
19 해결	라그랑즈의 해는 항상 해석적인가? 엔니오 데 조르지((Ennio de Giorgi)가 증명했고, 나중에 존 포브스 내시(John Forbes Nash)도 독자적인 방법으로 증명했다.
20 해결	경계값 조건을 갖는 모든 변분법 문제는 해를 갖는가? 비선형적인 경우에 대해 해를 구할 수 있었다.

읽을거리

번호	힐베르트의 23가지 문제
21 해결	주어진 모노드로미(monodromy)군을 갖는 선형 미분방정식은 존재하는가? 1905년 힐베르트 자신이 해결하였다.
22 해결	함수를 이용한 해석적 관계의 균일화에 관한 문제 단일 변수의 경우는 해결되었다.
23	변분법의 추가적인 개선을 주문했지만 문제가 모호하여 문제 자체가 성립하지 않는다.

이야기를 마치며

　이 책을 구성하면서 항상 머릿속에 간직했던 생각은 '수학'이라는 말이 주는 거부감이었다. '나는 수학이 정말 좋아.'라고 말하는 사람은 아마도 소수일 것이라는 생각이 떠나지 않았다. 수학이 이렇게나 우리에게서 멀어진 이유는 수학을 잘못 이해하고 있기 때문은 아니었을까? 아주 복잡한 것을 계산하는 분야라는 그릇된 생각이 우리를 수학에서 더욱 멀어지게 하고 있다고 말이다. 나는 '수학(數學)하다'라는 동사를 사용하는 데 전혀 거리낌이 없다. 수학이 주는 창의성, 창조성, 상상력과 논리력은 인류를 지금까지 이끌어 온 가장 중요한 기틀이고 이러한 것들을 응용하는 행동을 '수학하다'라고 부르고 싶은 것이다.

　일상의 모든 일을 엄청난 호기심을 바탕으로, 풍부한 상상력을 가지고 접근한다면 우리 모두 위대한 모든 것의 주인이 될 수 있다. 우리 주변에서 당연하게 여겨지는 것들에 대해 정말 그런가 하는 궁금증을 가지고 그 원리를 찾아보자. 현재보다 더 좋은 방안을 얻으려면 상상력을 최대한 발휘해야 한다. 모든 위대한 것들은 아주 간단한 상상력에서 시작한다. 이 책이 수학의 엄청난 내용을 담고 있지는 않지만, 이 책을 접한 다음이라면 수학에 대한 과거의 사고가 바뀌었으리라고 생각한다. 이제부터 일상에서 내 모든 활동을 수학하자.

참고문헌

김용운, 1998: 《프랙탈과 카오스의 세계》, 도서출판 우성
김홍종, 2009: 《문명, 수학의 필하모니》, 효형출판
리여우화, 2020: 《이토록 재미있는 수학이라니》, 미디어숲
마틴 가드너, 1990: 《이야기 파라독스》, 사계절
박제남, 남호영, 2012: 《π-천년의 역사의 흔적》, 교우사
브라이언 W 커니핸, 2020: 《숫자가 만만해지는 책》, 어크로스출판
세야마 시로, 2016: 《공상에 빠진 수학자가 들려주는 상상력의 공식》, 메가스터디(주)
신기영, 2008: 《수학은 자유이다》, 북힐스
알렉스 벨로스, 2010: 《신기한 수학 나라의 알렉스》, 까치글방
야키야마 진(秋山仁) & 마쓰나가 기요코(松永淸子), 2013: 《앗, 이런 곳에도 수학이》, ㈜다산북스
이광연 2004: 《신화 속 수학 이야기》, 경문사
이광연, 2014: 《수학, 인문으로 수를 읽다》, 한국문화사
이기한, 1990: 《묘한 생각 묘한 풀이》, 삼정
주세걸(역자 허민), 2009: 《산학계몽》, 소명출판
지즈강(紀志剛), 2009: 《수학의 역사》, The Soup Pub.(Korean Ver.)
최창우, 2021: 《1분 수학》, 경문사
클라라 그리마, 2018: 《수학이 일상에서 이렇게 쓸모 있을 줄이야》, 다온북스
티모시 레벨, 2019: 《수학님은 어디에나 계셔》, ㈜예문아카이브

Amir D. Aczel, 2002: *Mystery of Aleph*, Seung San Pub(Koran Ver.)

Ben Orlin, 2018: *Math with Bad Drawings: Illuminating the Ideas that Shape Our Reality*, Hachette Book Group,inc., New York

Christoph Drosser, 2008: *Der Mathematikverfuhrer: Zahlenspiele Fur alle Lebenslagen*, Rowohlt Verlag GmbH.

Georges Ifrah, 2011: 《숫자의 탄생》, 부키

Peter Bently, 2008: *Book of numbers*, Cassell Illustrated.

Peter M. Higgiins, 2008: *Number Story: From counting to cryptograph*, Springer.

Robin J. Wilson & John J. Watkins, 1989: *Graph: An Introductory Approach*, john Wiley&Sons, Inc.

찾아보기

ㄱ

가우스 / 50
갈루아 / 50
갈릴레이 / 255
갑골 / 21
거미줄 타기 / 124
골디락스 / 235
공준 / 37
구면좌표계 / 271
구수략 / 148
구장산술 / 144
그래프 / 102
기수법 / 249
기차의 역설 / 170
꼭짓점 / 102

ㄴ

낙서 / 147
내연기관 / 161
뉴턴 / 56
니코마코스 / 90

ㄷ

다중 모서리 / 102
덧차원 / 282
데카르트 / 54
동형 / 121
등시곡선 / 168
등시성 / 167
DFS / 107

ㄹ

라이프니츠 / 56
라틴 방진 / 156
르장드르 / 52
리히터 규모 / 266
린드 파피루스 / 19

ㅁ

마방진 / 147
마야문명 / 23
만델브로 / 283
맨홀 / 140
메르센 수 / 91
명수법 / 250
모서리 / 102
뫼비우스 띠 / 268
무리수 / 71
무한(∞) / 58

ㅂ

바코드 / 186

반감기 / 275
방정 / 144
방정술 / 144
베르베르 / 95
복잡도 / 294
BFS / 108

ㅅ

사그레도 / 259
사다리 타기 / 121
사이클로이드 / 167
살비아티 / 259
삼각수 / 92
상상의 수 / 49
생성자 / 285
소수 / 72
수 / 13
수학혁명 / 35
순환소수 / 84
숫자 / 13
슈냐 / 29
스도쿠 / 156
신비의 수 / 82
심플리키오 / 259
십분 / 247
쐐기문자 / 15
씨수 / 73

3차 방정식 / 46
4차원 / 279

ㅇ

아레니우스 / 243
아르스 마그나 / 46
아르키메데스 / 40
아리스토텔레스의 바퀴 / 263
아밀알코올 / 110
아벨 / 50
아소카 왕 / 25
알 콰리즈미 / 44
알고리즘 / 45
애니그마 / 60
앨런 튜링 / 59
양력 / 205
에쉬 / 160
역설 / 214
오일러 / 40
오일러 표수 / 125
완전수 / 88
요소수 / 243
우애수 / 80
원 / 39
원론 / 36
원주율 / 40
원주좌표계 / 271

유율 / 56
음력 / 205
음수 / 26
이상고의 뼈 / 14
이선란 / 144
이성질체 / 109
이진 트리 / 107
일대일 대응 / 121
23개의 문제 / 295
5차원 이론 / 282
YBC7289 / 17

ㅊ

차수 / 102
창시자 / 285
최석정 / 148
친화수 / 80

ㅋ

카르다노 / 46
칸토어 / 236
코로나 / 229
코시 / 52, 53
코흐 곡선 / 286
콜로서스 / 60
쾨니히스베르크 / 101
키푸 / 14

ㅈ

절기 / 206
점토판 / 17
정의 / 37
정폭도형 / 140
좌표 / 54
지동설 / 257
지수귀문도 / 148
직교좌표계 / 271
진약수 / 80
집합 / 58
짝수점 / 103
쪽맞춤 / 130
쪽매붙임 / 130

ㅌ

타르탈리아 / 46
태음태양력 / 206
톨스토이 / 172
티라미수 / 193

ㅍ

파이(π) / 38
펜로즈 / 138
평행선 공준 / 38

푸리에 / 53
프랙털 / 283
피사 / 256

ㅎ

하워드 간즈 / 157
한붓그리기 / 103
합성수 / 73
혈중 / 242
호이겐스 / 168
홀수점 / 103
히파서스 / 71
힐베르트 / 295

본 연구는 한성대학교 학술연구비 지원과제임.

일상 속 수학의 발견
수학하자 ①

지은이　민경진
펴낸이　조경희
펴낸곳　경문사
펴낸날　2023년 8월 21일　1판 1쇄
등　록　1979년 11월 9일　제1979-000023호
주　소　04057, 서울특별시 마포구 와우산로 174
전　화　(02)332-2004　팩스 (02)336-5193
이메일　kyungmoon@kyungmoon.com

값 19,000원

ISBN 979-11-6073-647-2

★ 경문사의 다양한 도서와 콘텐츠를 만나보세요!

홈페이지	www.kyungmoon.com	페이스북	facebook.com/kyungmoonsa
포스트	post.naver.com/kyungmoonbooks	블로그	blog.naver.com/kyungmoonbooks
북이오	buk.io/@pa9309	인스타그램	instagram.com/kyungmoonsa

도서 중 **정오표** 및 **학습자료**가 있는 경우 홈페이지 내 해당 도서 상세 페이지의 **자료** 탭에 업로드됩니다.